新型职业农民培育系列教材

现代农业
生产与经营管理

胡情祖 陈忠莲 周 朋 主编

U0272604

中国农业科学技术出版社

图书在版编目（CIP）数据

现代农业生产与经营管理／胡情祖，陈忠莲，周朋主编. —北京：
中国农业科学技术出版社，2016. 6
ISBN 978 – 7 – 5116 – 2615 – 8

Ⅰ. ①现…　Ⅱ. ①胡…②陈…③周…　Ⅲ. ①现代农业－农业经营
Ⅳ. ①F306

中国版本图书馆 CIP 数据核字（2016）第 116302 号

责任编辑　崔改泵
责任校对　贾海霞

出 版 者　中国农业科学技术出版社
　　　　　北京市中关村南大街 12 号　邮编：100081
电　　话　（010）82109194（编辑室）　　（010）82109702（发行部）
　　　　　（010）82109709（读者服务部）
传　　真　（010）82106650
网　　址　http://www.castp.cn
经 销 者　各地新华书店
印 刷 者　北京富泰印刷有限责任公司
开　　本　850mm×1 168mm　1/32
印　　张　8. 75
字　　数　225 千字
版　　次　2016 年 6 月第 1 版　2017 年 6 月第 3 次印刷
定　　价　29. 80 元

《现代农业生产与经营管理》
编 委 会

前　　言

　　自 2012 年中央 1 号文件突出强调加快农业科技创新,首次提出要大力培育新型职业农民以来,党中央、国务院高度重视新型职业农民培育工作,连续 3 年中央 1 号文件都对新型职业农民培育工作做出重要部署。2013 年 11 月 27 日,习近平总书记在视察时指出,要适时调整农业技术进步路线,加强农业科技人才队伍建设,培养新型职业农民。2013 年 12 月 23 日,习近平总书记在中央农村工作会议上发表重要讲话时指出,关于谁来种地,核心是要解决人的问题,通过富裕农民、提高农民、扶持农民,让农业经营有效益,让农业成为有奔头的产业,让农民成为体面的职业;要提高农民素质,培养造就新型农民队伍,把培养青年农民纳入国家实用人才培养计划,确保农业后继有人。

　　习总书记的系列讲话,充分体现了党的十八大精神和党中央对三农工作"重中之重"的战略定位,也指明了新型职业农民培育的发展方向。农业是人类赖以生存和发展的"母亲"产业。在工业化进程中,农业与快速成长的现代工业的发展差距不断扩大,形成了城乡二元经济结构。促进传统农业向现代农业转变、缩小工农两大产业的发展差距,是任何一个国家实现现代化的一个基本任务。现代农业虽然是在传统农业的基础上发展起来的,但与传统农业在经营管理的理念、经营方式、经营管理目标,在生产组织、生产资料的利用,在农业生产技术等方面截然不同,需要传统农业有脱胎换骨的改变,在这一过程中,既需要有大量的实践,也需要有一定的理论学习。为加快我国现代农业的发展,我们在吸收国内外有关现代农业经管管理理论的基础上，通过总结我国目前出现的现代农业的经验，阐述了如何在我国现有条件下经营与管理现代农业的有关问题。

本书结合我国农业生产经营的实际，定位服务培训、提高农民，强调针对性和实用性，在体例上打破传统学科知识体系，围绕生产过程和生产环节进行编写；在选题上立足现代农业发展，选择国家重点支持、通用性强、覆盖面广、培训需求大的产业、工种和岗位开发教材；在内容上针对不同类型职业农民特点和需求，突出从生产决策到产品营销全过程所需掌握的农业生产技术和经营管理理念，实现教学过程与生产过程对接；在形式上采用模块化编写，教材图文并茂，通俗易懂，利于激发农民学习兴趣。同时，借鉴世界现代农业经营管理的经验，综合农业经济学、企业经营管理和农产品营销学等基础理论，构建现代农业经营管理体系。

农业现代化是一本书，一本永远也读不完的书；农业现代化是"晴雨表"，是一个不断创新的发展过程。悠久的农耕文化，哺育了延绵数千年的中华文明。千百辈的农民大众，托起了今日的现代中国。农业始终是中国发展最牢固的基石和基础。然而，作为农业大国，我国农业仍然是最步履维艰的一个产业；现代农业发展之路，依旧任重而道远，寄望本书能对发展现代农业有所裨益。

编者

2016 年 5 月

目　　录

第一章　新型职业农民培训

第一节　开展新型职业农民培训的背景与趋势

一、培育新型职业农民的必要性

发展现代农业的根本出路在科技、关键在人才,最基础的就是要培育有科技素质、职业技能与经营能力的新型职业农民。但是,近几年随着我国经济的迅猛发展,工业化、城镇化的快速推进,越来越多的具有一定素质的农村青壮年劳动力逐渐从农业生产中转移到第二、第三产业中。务农劳动力素质低、年龄大的趋势越来越明显,妇女、老人成为务农劳动力的主流,一些地区出现农村空心化,农村劳动力存在素质低、老龄化和农业兼业化问题。这些问题的出现已威胁到我国农业基础的稳固和国家粮食的安全。将来"谁来种地"已经成为现代农业发展中最棘手的问题,借鉴国外培育农业后继者的经验,加快培育新型职业农民刻不容缓。2012 年中共中央国务院一号文件(以下简称中央一号文件)明确提出"培育新型职业农民",2015 年中央一号文件又进一步提出创新农业生产经营机制,确立培育新型职业农民作为推进现代农业建设的核心和基础地位。培育新型职业农民,是城镇化加速推进背景下农民分业分化的必然趋势,也是推动我国农业现代化从初步实现到基本实现的基础和必要条件。

（一）培育新型职业农民是推进农业现代化的必然要求

中央提出大力培育新型职业农民，这是立足我国农村劳动力结构的新变化、着眼现代农业发展的新形势，是对农民教育培训工作提出的新要求，是中央科学把握现代农业发展规律、推进"四化"同步发展的重大部署。

经过 30 多年的改革发展，我国农业已推进到一个新的阶段，总体上进入了加快改造传统农业、走中国特色农业现代化道路的关键时刻。现代农业的显著特点是在市场经济条件下，通过专业化分工、社会化合作、商品化生产，进行集约生产、规模经营，以获取高效益。提升农民素质是发展现代农业的迫切要求，通过培育使之成为具有现代市场经济意识、掌握科学文化知识、具备经营管理能力的新主体。我国改革开放 30 多年来，特别是自 20 世纪 90 年代以来，从培训农民到培训农民技术骨干，从培养新型农民到培育新型职业农民，农民教育培训工作随着农业农村发展的阶段性要求而不断深入，与时俱进。

目前，我国发展现代农业面临着粮食需求刚性增长，农业生产成本刚性上升，土地、水等农业生产资源刚性约束的巨大压力和挑战。同时大量先进农业科学技术、高效率农业设备、现代经营管理理念越来越多地被引进到农业生产经营各个领域。这就要求我们加快转变农业发展方式，切实将农业发展转到依靠科技进步和提高劳动者素质上来。相对土地、资本和技术等要素，劳动者在农业生产中起着主导作用。职业化的农民具有良好的科学文化素质，掌握较高的科学种养技术和经营管理能力，对农业新品种、新技术的接受能力强，能加快农业新技术在农村的推广和应用。在建设社会主义新农村的过程中，推进现代农业建设的主体是新型农民，如果没有能够胜任建设现代农业的称职合格的现代职业农民，就很难实现由传统农业向现代农业的根本转变。

（二）培育新型职业农民是解决将来"谁来种地"的问题

随着城镇化、工业化的不断推进，农村青壮年农民持续大量流出，大量的农村劳动力转移到二、三产业，在家务农的基本上是中老年人，致使农村土地发生抛荒现象，农业劳动力出现危机。据统计，我国农民工数量已达到2.5亿人，并且正在以每年900万～1 000万人的速度递增，农业劳动力，尤其是高素质的青壮年农业劳动力急剧减少。根据中国农业大学课题组的调查，四川、河北和山东等地农业劳动力中60岁以上的老年人占63.05%。目前，浙江每年有1 800万进出的农民工，出省的有500多万人，进省的有近1 300万人，大量农村青壮年劳动力转移到非农就业，农村劳动力呈现出主要劳动力非农化、次要劳动力农业化的现象，留在农业战线、真正从事农业生产经营的多为老、弱、病、残者。据调查，浙江的农业劳动力文盲占7%，小学文化程度占32.8%，初中文化程度占43.2%，高中文化程度占11.73%，中专程度占2.12%，平均受教育年限只有7.27年。务农农民中不仅受教育程度低，科技意识和科技素质也比较低，限制了一些农业科学技术的应用。再过10年左右，农业生产人员青黄不接的现象将更加严重，农业从业人员的更新换代迫切需要新型职业农民。农业劳动力后继乏人，成为制约未来农业健康发展的突出瓶颈。在此背景下，培育新型职业农民成为振兴农业、发展现代农业的重要基础。

（三）培育新型职业农民是推进农业产业化发展的基础保障

现代农业是资本和技术密集型产业，是以市场为导向，以经济效益为中心，以主导产业、产品为重点，优化组合各种生产要素，实行区域化布局、专业化生产、规模化建设、系列化加工、社会化服务、企业化管理，形成种养加、产供销、贸工农、农工商、农科教一体化经营体系。

农业产业化生产的核心是专业化、协作化,同时要求高新技术被引进到农业生产中去,转化为现实的生产力,使农业的分工越来越精细、越来越科学、越来越专业化,最终形成农业产业的专业化、标准化、规模化和集约化。实现这个过程的关键是科技创新和劳动者的素质,归根结底是要依靠掌握和使用先进科学技术、支撑农业产业发展的高素质的职业农民。农业生产要素投入以资本和科技投入为主,生产工具完全实现了机械化作业,投入产品科技含量高,这就要求农民具备足够的专业知识和专门技术。农业产业化导致了农业的分工分业,实践证明,当农业分工越来越细化时,各种与农业有关的新兴职业就会不断涌现,经济越是发达的地区,农民的职业化程度就越高。如同现代工业的生产主体是产业工人一样,现代农业生产经营主体亟需一大批职业农民(何增科,2006)。实现农民从身份性质向职业性质转变是农业社会化大生产中的一个重要环节。可以说,没有新型职业农民就不可能实现农业产业化。

(四)培育新型职业农民是推进"四化"同步发展的重要举措

推进"四化"同步发展,但农业现代化明显滞后于工业化、城镇化、信息化,所以更需要加快发展。新型职业农民的产生是工业化、城市化发展,农村剩余劳动力转移的必然结果。2015年中央一号文件继续聚焦"三农",突出强调要"依靠改革创新驱动来加快现代农业建设",并提出构建新型农业经营主体的重大战略决策,也为当前和今后一个时期农民教育培训指明方向和目标。

农民始终是农业和农村的主体,是发展现代农业、建设新农村的承担者和推动者。从一定程度上说,农民的文化素质、技术水平和思想道德素质,直接决定着新农村建设和现代农业发展的成败。在新农村建设中,我国农业面临发展战略转型的历史使命,即实现从传统农业向现代农业的转变。现代农业的一个主要标志是广泛采用先进的经营方式、管理技术和管理手段,把产前组织、生产过程和产后服务有效地组织起来,形成比较完善的产业链条,这就要求现代农业的从业者必须"有文化、懂技术、会经营",与现代农业的规模化、集约化生产经营相适应,实现职业化。

当前,随着我国农村劳动力转移力度的加大,一些素质较高的农民以新型农机具为主要工具,以代耕、代播、代收、代经营等为主要服务内容,为分散的、劳动力外出务工的农户提供耕作服务,从而获取与从事非农领域工作相近或更高的收入,成为职业农民。另外,随着农业科技的大量推广运用,农业劳动生产率普遍提高,一大批农村富余劳动力逐步离开土地、农业,进入二、三产业,转变为产业工人和市民,而继续从事农业的劳动者在农产品生产、加工、运输、销售和休闲观光农业等领域的分工分业更趋细化,实现岗位职业化、职能专业化,渐渐成为职业农民。实现工业化、城镇化、农业现代化同步发展必然要求培育规模大、素质高、结构合理的新型职业农民。

二、我国新型职业农民培育工作历程

2005 年年底,农业部在《关于实施农村实用人才培养"百万中专生计划"的意见》中提出要培养职业农民,指出农村实用人才培养"百万中专生计划"的培养对象是:农村劳动力中具有初中(或相当于初中)及以上文化程度,从事农业生产、经营、服务以及农村经济社会发展等领域的职业农民,这是国家层面第一次提出培养职业农民。

(一)中央有关部署要求

2006 年中央一号文件提出:"提高农民整体素质,培养造就有文化、懂技术、会经营的新型农民,是建设社会主义新农村的迫切需要。"

2007 年 10 月,党的十七大报告提出:"培育有文化、懂技术、会经营的新型农民,发挥亿万农民建设新农村的主体作用。"

2012 年中央一号文件提出:"大力培育新型职业农民。这是立足我国农村劳动力结构和职业教育的新变化,着眼现代农业发展的新需求,加快培育现代农业生产经营主体的战略决策。"

2013 年中央一号文件提出:"大力培育新型农民和农村实用人才,着力加强农业职业教育和职业培训。"

2014 年中央一号文件强调要加大对新型职业农民和新型农业经营主体领办人的教育培训力度。

(二)领导有关讲话和批示

2012 年 3 月,农业部副部长张桃林出席由中央农业广播电视学校、农民日报社、中国农村杂志社联合举办的"大力培育新型职业农民座谈会",并发表题为《深入贯彻落实中央一号文件大力培育新型职业农民》的讲话。

2012 年 5 月 31 日,国务院副总理回良玉在安徽省合肥市全国农业科技教育工作会议上指出:以保障农业后继有人为目标,大力培养新型农民。随着大量青壮年农民外出务工经商,"谁来种地"日益成为制约我国现代化农业建设的一个突出问题。要把培养新型农民作为一项基础性、战略性的重大工程,切实抓紧抓好。采取更加有效的政策措施,鼓励部分有文化和农业技能的青壮年农民留在农村,尤其要抓好未升学初中、高中毕业生的免费农业培训和创业辅导扶持,留下一批爱农、懂农、务农的后继者。加快建立多元化农民教育培训体系,坚持政府主导,强化政策引导,创新培训模式,鼓励多方参与,加大各类农村人才计划和工程的实施力度,通过技能培训、产业带动、创业扶持等多种途径,培养一大批有文化、懂技术、会经营的新型农民。高度重视支持外出务工农民回乡创业,创办农业企业或家庭农场。

2012 年 7 月 20 日,回良玉在黑龙江省佳木斯市全国现代农业建设现场交流会上指出:要加快建设科研、推广、新型农民三大人才队伍……加快发展农村职业教育,加大农村各类人才培养计划和培训工程的实施力度,培养一大批"以农业为职业、占有一定的资源、具有一定的专业技能、有一定的资金投入能力、收入主要来自农业"的新型职业农民,不断增强现代农业发展活力。

2012 年 10 月 10 日,农业部部长韩长赋在国务院 219 次常务会议上发言指出:建议将新型职业农民接受中等职业教育纳入免学费政策范围。2012 年中央一号文件明确提出要大力培育新型职业农民。针对新型职业农民开展农学结合、弹性学制的中等职业教育,以留在土地上从事农业生产和返乡创业的农民为主要教育对象,是农民职业教育的有效形式,是提高农民综合素质和专业技能的重要措施,这对解决今后"谁来种地"问题意义深远。因此,建议将新型职业农民接受中等职业教育纳入免学费政策范围,逐步培养一支支撑现代农业发展的职业农民队伍。

2013 年 2 月,张桃林对《中央农广校关于务农农民中等职业教育纳入国家助学政策有关问题的报告》进行批示:此项工作很重要并已有一定的基础,希望科教司、财务司继续抓住机遇,加大与教育部、财政部的沟通协商,力争有所突破,加快推进新型职业农民培育工作。

2013 年 3 月 11 日,韩长赋对《农业部 2013 年新型职业农民培育试点工作会议纪要》进行批示:这是一项基础性工程、创新性工作,应大抓特抓,坚持不懈。

2013 年 5 月,韩长赋对《2013—2015 年新型职业农民和乡镇农技人员培训工作方案》进行批示:已阅,同意,关键在落实,要下大力气,花几年工夫,把新型职业农民和乡镇农技人员培训抓住,抓好,抓出大成效。这对农业的长远发展,特别是现代农业至为重要,善莫大焉。可注意发挥各类农业院校的作用,这支力量要用起来。

2013 年 9 月 12 日,韩长赋在"中国特色社会主义和中国梦宣传教育系列报告会"上作《实现中国梦,基础在三农》的报告:农业农村人才是强农兴农的根本。要加强农业科技人才队伍建设,重点是提升基层农技人员素质,加强新型职业农民培训,着力培育一大批种田能手、农机作业能手、科技带头人等新型职业农民。

2013 年 11 月 28 日,习近平总书记在山东调研时指出,要适时调整农业技术进步路线,加强农业科技人才队伍建设,培养新型职业农民。

2013 年 12 月 23 日,习近平总书记、李克强总理在中央农村工作会上指出,关于谁来种地,核心是要解决人的问题,通过富裕农民、提高农民、扶持农民,让农业经营有效益,让农业成为有奔头的产业,让农民成为体面的职业;要提高农民素质,培养造就新型农民队伍,把培养青年农民纳入国家实用人才培养计划,确保农业后继有人。要把加快培育新型农业经营主体作为一项重大战略,以吸引年轻人务农、培育职业农民为重点,建立专门政策机制,构建职业农民队伍,为农业现代化建设和农业持续健康发展提供坚实人力基础和保障。

2013 年 12 月 24 日,韩长赋在全国农业工作会上提出"科教兴农、人才强农、新型职业农民固农"。

2014 年 2 月 10 日,农业部重点工作交流会上,韩长赋指出今年要争取新型职业农民培育工作取得重大突破。

2014 年 2 月 17 日,汪洋副总理在中国老教授协会呈报的关于开展新型职业农民分级认定管理的报告上批示:建议很有道理,请农业部研究落实。

(三)工作纪实

2012 年 3 月,中央农业广播电视学校、农民日报社、中国农村杂志社在人民大会堂联合举办"大力培育新型职业农民座谈会"。来自全国人民代表大会农业与农村工作委员会、中央政策研究室、中央农村工作领导小组办公室、中国社会科学院、国家发展和改革委员会、教育部、中国农业大学等单位的专家,围绕大力培育新型职业农民的必要性、重要性和路径、方式等进行了座谈和研讨。通过宣传报道,这次座谈会在社会上产生了广泛的影响。

2012 年 8 月,农业部印发《新型职业农民培育试点工作方案》。在全国选择 100 个县开展试点,积极探索构建教育培训制度、认定管理办法和支持扶持政策相互衔接配套的新型职业农民培育制度体系。

2013 年 2 月,组织开展《新型职业农民培育重大问题研究》。对培育新型职业农民的深刻背景、新型职业农民的主要内涵特征和发达国家的做法进行深入分析研究,提出新型职业农民培育制度体系和教育培训路径。

2013 年 2 月,谋划新型职业农民培训工程,起草《新型职业农民培训工程建议》,提出到 2020 年,通过开展农业系统培训,培养生产经营型专业农民 560 万人;通过开展岗位技能培训,培养专业技能型和社会服务型专业农民 840 万人,促进新型职业农民队伍快速形成。

2013 年 2 月,与教育部共同组织制定《中等职业学校新型职业农民培养方案》。改革课程体系和教学模式,实行学分制和弹性学制,建立学分银行,搭建技能培训与中等职业教育相衔接的立交桥。

2013 年 3 月,农业部组建新型职业农民培育专家咨询组。其主要任务是:研究新型职业农民培育中的重大问题,深入调研试点进展,总结提炼经验做法,指导各地新型职业农民培育试点有效推进,研究提出全面推动我国新型职业农民培育工作的政策建议,为政府部门提供咨询服务和决策参考。

2013 年 5 月,印发《农业部办公厅关于新型职业农民培育试点工作的指导意见》。提出深刻认识培育新型职业农民的重要性和紧迫性,积极探索构建新型职业农民教育培训制度,加强新型职业农民认定管理,制定和落实新型职业农民扶持政策,加快推进新型职业农民培育试点各项工作。

2013 年 7 月,印发《农业部关于加强农业广播电视学校建设加快构建新型职业农民教育培训体系的意见》。提出大力培育新型职业农民是关系长远的、根本的基础性重大工程,加快构建以农业广播电视学校为依托的新型职业农民教育培训体系,以加强教育培训服务能力为核心推进各级农业广播电视学校建设,努力形成重视支持、办好用好农业广播电视学校的成效机制。

2013 年 11 月 15 日,农业部在陕西西安召开了"全国新型职业农民培育经验交流会和全国农业广播电视学校体系建设工作会议",对试点工作进行总结,进一步明确了新型职业农民培育的若干重大问题,特别是农业部韩长赋部长的重要讲话,肯定了新型职业农民培育的历史地位,并提出现实战略。

三、新型职业农民培育的背景和意义

进入 21 世纪以来,我国农村劳动力持续大量转移,目前我国城镇化率已经超过 52%,农民工数量已经达到 2.6 亿以上。在一些地方,转移出去的农民工 70% 以上是"80 后""90 后"的青壮年劳动力,其中的 70% 以上表示不愿意回乡务农。留下来的务农农民平均年龄已经达到 55 岁,其中妇女超过 60%,初中及以下文化程度的近 83%,农村空心化、农业兼业化、农民老龄化和低文化趋势越来越明显,留在农村务农的劳动力的结构和素质问题已经十分突出,严重威胁粮食和农产品供给安全。我们应该警醒:一二十年后,当目前这一批五六十岁、对土地有感情的老人无法劳作时,一批对土地没有感情、不会种地的"农二

代""农三代"无法在城市"卖苦力"回乡种地时,或者有钱的"城里人"到农村把农业当"副业"、当"时尚"、当"休闲"时,再想摆脱我国农业劳动力的困境将为时已晚。因此,"谁来种地"问题绝不是危言耸听,我们应该超前行动、主动作为,把培育新型职业农民作为一项基本国策来特事特办。

事实上,不是今后没有人去种地,即使我国城市化率达到70%以上,农村仍然有 5 亿人,因此,"有人去种地"不是问题,而是"谁来种地"和"如何种好地"的问题。要提高农业农村的吸引力,让高素质劳动力留在农村务农,最关键的是效益有保障,与到城里打工有相同或更高的收入;最根本的是有社会保障、有职业尊严;最核心的是有爱农的感情,有从事农业的精神动力。因此,培育新型职业农民,要从城乡劳动力要素的政府统筹调控上、农业生产力和生产关系的调整完善上,以及强农惠农富农政策的倾斜引导上去认识、去推进,立足根本、立足长远,对农业经营体制机制进行改革和创新。

(一)持续提高农业农村的吸引力

从城乡一体化发展来看,要通过政府调控,促进城乡劳动力要素平等交换配置,使"农民"成为一份有收入、有保障、有尊严的"职业",确保留在农村务农的劳动者是高素质、高技能、会管理、会经营的新型职业农民。城乡统筹首要的是劳动力(人)的统筹。我国农村劳动力存量巨大的国情,决定了城乡一体化发展的首要任务就是要让大批农村劳动力尽快真正融入城市,同时还要让一部分劳动力安心留在农村务农,实现城乡劳动力的平等、均衡、有效配置。劳动力的流向由劳动力定价、生存环境、社会保障等综合因素决定。在市场规律作用下,高素质劳动力无疑向劳动力定价高、生存环境好、有较高社会保障的地方流动。提出培育新型职业农民,就是要通过强有力的政府干预,消除市场缺陷,让留在农村的劳动者与城镇居民一样,能得到一份与城镇教师、医生等职业的同等待遇,把在农村从事农业生产转变为受人尊重的光鲜的工作岗位,从而从根本上消除城乡差距。

因此,"谁来种地"不是问题,关键在于要在城乡一体化发展过程中持续提高农业农村的吸引力。

(二)持续提高农业的比较效益

从现代农业发展来看,要通过对农村新型生产经营主体进行分类,促进生产要素向适度规模生产经营农户"聚焦",重点培养更加职业化的农民,确保把新型职业农民培养成现代农业的核心主体。现代农业需要先进的品种、技术、信息、装备等,更需要有高素质的劳动者。要改变目前我国农村劳动力低素质的现状,一方面政府要对适度规模经营农户进行教育培养和政策扶持,更重要的是要协调农村各生产经营主体之间的关系,让适度规模经营农户成为其他生产经营主体的基础支撑和基本依托,在市场中能够得到更多的利益。在目前的家庭"双层"经营条件下,必须大力发展龙头企业、专业合作社等新型生产经营主体,走规模化、组织化、集约化和专业化道路,但龙头企业、专业合作社等都不能代替农户经营,而且他们要依托农户经营才能得到发展。由于高劳动力成本、高自然风险、短生产生活距离等特点,农业生产环节特别适宜家庭经营,龙头企业如果没有规模农户作为支撑,高逐利必然走向"非农化"和"非粮化",或进行粗放生产,做土地文章,变相进行资本运作。目前的专业合作社多为局部区域内的松散的生产合作,没有形成大规模、不同主体之间、以产业为纽带的全产业链合作,如果没有规模农户作为支撑,很难发挥合作社功能。营销性服务组织、面对千家万户特别是传统农户和兼业农户,组织难度大,营销成本高,难以形成规模效应。培养新型职业农民,就是要培养新型生产经营主体中的基本细胞和核心主体,为发展现代农业提供体制机制支撑。培养新型职业农民,是培育新型生产经营主体的主要方向和首要任务,是关系农业经营体制机制创新的长远、根本举措。

因此,"谁来种地"不是问题,关键是要在解放农村生产力的同时,创新经营体制机制,着力培养新型生产经营核心主体,提高农业的比较效益。

(三)持续提高政策的针对性和有效性

从"三农"政策实施看,要通过将政策向真正从事农业生产经营的新型职业农民身上倾斜,充分调动农民从事农业和粮食生产的积极性,确保"三农"政策的实施效率和效果。一方面我国农民群体大、居住分散,整体素质不高,要提高农技推广和农民教育培训的效率,必须通过示范户和带头人综合使用政策、技术、信息等并传播下去,真正解决"最后一公里"问题;另一方面,在农村土地承包稳定和长期不变的前提下,土地大量流转到种田能手身上,政策也必须尽快落实到真正种田的农民身上,通过政策引导,形成规模化、集约化、产业化的现代农业经营格局。提出新型职业农民,并进行科学界定、认定,就是要在现代农户与传统农户、兼业农户长期并存的前提下,对农民群体进行分类管理,把新型职业农民作为政府扶持、农技推广和教育培训的主要目标对象。

第二节 新型职业农民的培训方法

一、新型职业农民培育制度的构建

培育新型职业农民是城乡一体化和现代农业发展的重大制度变革,是一项涉及政策、体制机制和发展环境等多因素,牵动多部门多行业的复杂的系统工程,将伴随着我国城镇化和农业现代化发展的全过程,要作为农村改革、现代农业发展的基础性工程、创新性工作,大抓特抓,坚持不懈。在推进思路上,要以家庭经营为基础,以切实保障农民利益为根本宗旨,以产业为导向,以城乡一体化发展为统领,以制度建设和素质提升为重点,不断强化政府责任、建立市场机制、营造培育环境。在推进策略上,要统筹兼顾,突出重点,试点先行,循序渐进地推进新型职业农民培育制度的构建。

(一)大力推进新型城镇化进程

将农村劳动力有效地转移到城市是构建新型职业农民培育制度的基本前提。城乡一体化发展,一方面要将耕地流转给种养能手,适度扩大规模,提高农业效益,同时还要把解放出来的劳动力的出路问题解决好。推进新型城镇化,当务之急是彻底改变土地城镇化的"见物不见人"的模式,通过征地和户籍制度改革、城镇基础设施建设和保障房建设、社会保障和投融资管理机制完善等措施,切实解决转移农民的就业、住房、社会保障和子女教育等问题,将土地的城镇化与人的城镇化合二为一,使2亿多农民工尽快真正融入城市和城镇,成为真正意义上的市民,将农村留守妇女、老人和儿童逐步向城镇转移,为土地流转、规模经营和新型职业农民成长创造条件。

(二)切实加强农民教育培训

培养教育是构建新型职业农民培育制度的核心和基础。新型职业农民的鲜明特征是高素质,培育新型职业农民必须教育先行,必须使培训常态化。在培养对象和目标上,要以"生产经营型"新型职业农民为重点,针对在岗务农农民、获证农民、农业后继者进行分类、分层、分产业开展。对在岗务农农民,要通过实行免费农科中等职业教育和农业系统培训,把具有一定文化基础和生产经营规模的骨干农民,加快培养成为具有新型职业农民能力素质要求的现代农业生产经营者;对获得新型职业农民证书(新型绿色证书)的农民要开展持续的经常性跟踪辅导培训;对农业后继者,要通过支持中高等农业职业院校定向培养农村有志青年,吸引农业院校特别是中高等农业职业院校毕业生回乡务农创业,为农村应届初中和高中毕业生、青壮年农民工及退役军人回乡务农创业提供免费全程培训等措施,培养爱农、懂农、务农的农业后继者。在培养方式上,要尊重农民的学习特点和规律,以方便农民、实惠农民为出发点,坚持教育和培训并重。要以"百万中专生计划"为主要抓手,大力推进"送教下乡"模式,建立"农学结合"弹性学制的农民学历教育制度;要以阳光工程为主要抓手,大力推进"农民田间学校"和"创业培训"模式,构建标准化、规范化、科学化的农民培训制度。在培养主体上,要下大力气构建以农业广播电视学校、农民科技教育培训中心等农民教育培训专门机构为主体,以农技推广、科研院所等为补充的新型职业农民教育培训体系;要大力推动"校校合作、校站合作",发挥农业中等职业学校、推广部门等的作用,充分整合教育资源;要大力推进空中课堂、固定课堂、流动课堂和田间课堂建设,建立农民教育培训导师团等制度,努力提高农民教育培养的能力、质量和水平。

(三)探索建立新型职业农民认定管理制度

认定管理是对新型职业农民扶持、服务的基本依据,是构建新型职业农民培育制度的载体和平台。全国要制定统一的认定管理意见,建立"政府主导、农业部门负责、农广校等受委托机构承办"的体制机制,深度改造认定农民技术等级的"绿色证书",建立认定农民职业资格的"新型绿色证书"制度。各地要根据各地实际,充分考虑不同地域、不同产业、不同生产力发展水平等因素,根据农民从业年龄、能力素质、经营规模、产出效益等,科学设定认定条件和标准,研究制定具体的认定管理办法。各地政府要明确认定主体、认定责任和认定程序,明确农民教育专门机构在认定和服务上的主体地位、管理协调作用,加强建设和管理。对经过认定的新型职业农民建立信息档案,并向社会公开,定期考核评估,建立能进能出的动态管理机制。认定程序上可以先进行调查摸底,锁定目标进行重点培育,等培育成熟后再进行认定扶持;也可以高标准、严要求锁定目标进行直接认定,给予政策扶持。不管采取哪种方式,认定工作都要做好翔实的调查,因地制宜制定操作方案;要充分尊重农民意愿,特别是要确保获证与政策扶持相衔接,使农民得到实惠;要公开透明,主动接受社会监督,更不能以任何名义收费;要根据各地实际分产业、分层、分类循序渐进地推进,绝不能一哄而上、急于求成,更不能搞形式主义、搞一刀切。

（四）着力构建新型职业农民扶持政策体系

政策扶持是推动新型职业农民成长的基本动力,是构建新型职业农民培育制度的根本保障。政府要分产业、分层、分类制定扶持政策,要重点向从事粮食生产、有科技带动能力、生产经营型的新型职业农民倾斜。

在生产扶持上,要在稳定现有政策的基础上,将新增项目向新型职业农民倾斜。防止补贴向土地承包经营权的使用者转移,否则新型职业农民得不到实惠,起不到提高生产积极性的作用。要逐步将新增补贴从收入补贴向技术补贴、教育培训补贴转变,构建新型农业经营体系下的强农惠农富农政策的新体系。

在土地流转上,要在登记确权基础上,建立土地有效流转机制,引导土地向新型职业农民流转。

在金融信贷上,要持续增加农村信贷投入,建立担保基金,解决新型职业农民扩大生产经营规模的融资困难问题。

在农业保险上,要扩大新型职业农民的农业保险险种和覆盖面,并给予优惠。

在社会保障上,探索提高新型职业农民参加社会保险比例,提高养老、医疗等公共服务标准等。

在教育培训的政策支持上,要尽快对务农农民中等职业教育实行免学费和国家助学政策,深度改造阳光工程,确保全部用于新型职业农民教育培养,把农广校条件建设纳入国家基本建设项目,启动实施新型职业农民教育培养工程,把更多的农民培养成新型职业农民。

二、国家鼓励农民工返乡

2012 年的一号文件提出了对农民工返乡创业要进行支持。返乡创业的农民工经验丰富、能力强、创新精神强,对农村的经济社会有着巨大的影响,他们逐渐成为推进新农村建设的主要力量之一。农民工返乡创业,能够改变传统农村单一的以种植业为主的经济模式,能够解决当地剩余劳动力的就业问题和"三留守"问题,减轻政府的负担,也有助于农民工本身素质和生活水平的提高。

要想有效地对回乡创业的农民工进行支持,第一,要对其进行资金上的支持。具体来讲,就是要将当地政府每年的开发资金预算向返乡创业农民工的项目倾斜;同时,积极协调当地金融机构和返乡创业农民工之间的信贷关系,农村商业银行和农村信用社要优先对有资金需求的创业农民工进行支持和帮助;此外,还要鼓励探索民间信贷对返乡农民工创业的支持,通过先富起来的一部分农民工手头的富余资本,带动创业初期农民工的发展。第二,要制定惠农富农的政策,帮助返乡农民工致富。比如,在各类资格证书的审核上,要减少环节和经费的减免,在税收上,要减征或免征创业初期农民工的所得税,在土地、湖泊等自然资源的使用上,要以优惠条件供返乡创业农民工使用。第三,要给予返乡创业农民工必要的技术支持。政府要积极寻求专业对口的高校、科研机构,定期对创业农民工进行培训和指导,要作为基层创业者与科研机构之间的桥梁,争取科技信息能够落实到创业生产中来。第四,要为返乡创业农民工提供良好的生产经营条件、营造良好的创业环境,同时,规范创业相关的法律法规,使创业者的切身利益能够得到保护。第五,完善农村基层的社会化服务网络,建好返乡创业农民工的信息档案,提高养老医疗保险等保障水平。

小贴士

三留守

"三留守"是指在城镇化过程中,由于农民工就业不稳定、城镇生活成本高以及户籍制度等多种原因,很多农民难以举家进城,导致农村出现留守老人、留守妇女和留守儿童的问题。目前,留守儿童占全部农村儿童总数的28.29%,平均每4个农村儿童中就有一个留守儿童。

三、国家扶持新型职业农民的培养

近年来,国家对职业教育和农村工作的政策为农民职业教育创造了前所未有的机遇。《国务院关于大力推进职业教育改革与发展的决定》《国务院关于进一步加强农村教育工作的决定》《中共中央国务院关于推进社会主义新农村建设的若干意见》以及中央人才工作会议有关精神,特别是2004年和2005年连续两个中央一号文件,对开展农民职业教育技能培训工作、培养农村实用人才,提高农村劳动力素质作了重大部署,从国家层面推动农民职业教育的发展。同时,为贯彻国务院办公厅下发的《2003—2010年全国农民工培训规划》中的具体部署,农业部、财政部等6个部门从2004年起,共同组织实施农村劳动力转移培训阳光工程,旨在加快农村劳动力转移、提高农民就业能力、促进农民增收、增强我国产业竞争力。

经过多年努力,我国农民职业教育从绿色证书培训、实用技术培训、青年农民科技培训到乡村干部培训都得到了长足的发展,初步形成了以农业教育、科研、推广等部门为骨干,多部门相互配合、上下贯通、左右衔接的农民科技教育培训体系。目前,我国已建立和完善了以农业部农民科技教育培训中心为龙头,以各级农民科技教育培训中心为骨干,以高等或中等农业院校、科研院所和农业科技推广机构为依托,以企业或民间科技服务组织为补充,以县乡村农业推广服务体系和各类培训机构为基础的农民职业教育培训体系。各级各类科研和推广机构通过不同形式,积极参与农民科技培训工作,成为农民职业教育的重要载体。

此外,教育部和全国妇联还联合出台了《关于做好农村妇女职业教育和技能培训工作的意见》,要求地方各级教育行政部门和妇联组织整合资源,开展多层次、多渠道、多形式的农村妇女职业教育和技能培训,培养新型女农民。提出开展农村妇女中等职业教育、妇女大专学历教育,充分利用现代远程开放教育资源和现代信息技术手段,在实施教育部"一村一名大学生计划"中,加强对女状元、女能手、女经纪人等主要培养对象的妇女开展大专学历教育。着力开展农业新品种、新技术培训与推广,培养一大批农村女科技带头人、农民专业合作社女领办人和农产品流通女经纪人;着力开展适合妇女就业的家政、社区公共服务等方面的转移就业培训,组织女能人、女科技带头人、有创业意愿和能力的返乡妇女等进行创业培训。

第二章 现代农业概述

党的十六大以来,中央就开始了全面推进"三农"实践创新、理论创新、制度创新的战略,党的十八大进一步提出了加快发展现代农业,增强农业综合生产能力的要求。加快发展现代农业,进一步增强农村发展活力是再创农村改革发展新辉煌的重要举措。发展现代农业是中央的重大决策,是历史发展的必然选择,具有十分重大的现实意义。

第一节 现代农业的基本特征和要求

一、现代农业的概念与特征

（一）现代农业的概念

1. 现代农业的概念

现代农业是广泛应用现代科学技术、现代工业提供的生产资料和科学管理方法进行的社会化农业。它是在近代农业的基础上发展起来的以现代科学技术为主要特征的农业,是广泛应用现代市场理念、经营管理知识和工业装备与技术的市场化、集约化、专业化、社会化的产业体系,是将生产、加工和销售相结合,产前、产后与产中相结合,生产、生活与生态相结合,农业、农村、农民发展,农村与城市、农业与工业发展统筹考虑,资源高效利用与生态环境保护高度一致的可持续发展的新型产业。

2. 现代农业的内涵

现代农业是一个动态的和历史的概念,它不是一个抽象的东西,而是一个具体的事物,它是农业发展史上的一个重要阶段。

从发达国家的传统农业向现代农业转变的过程看,实现农业现代化的过程包括两方面的主要内容:一是农业生产的物质条件和技术的现代化,利用先进的科学技术和生产要素装备农业,实现农业生产机械化、电气化、信息化、生物化和化学化;二是农业组织管理的现代化,实现农业生产专业化、社会化、区域化和企业化。

(1)现代农业的本质是用现代工业装备的,用现代科学技术武装的,用现代组织管理方法来经营的社会化、商品化农业,是国民经济中具有较强竞争力的现代产业。

(2)现代农业是以保障农产品供给、增加农民收入、促进可持续发展为目标,以提高劳动生产率、资源产出率和商品率为途径,以现代科技和装备为支撑,在家庭经营基础上,在市场机制与政府调控的综合作用下,农工贸紧密衔接,产加销融为一体,多元化的产业形态和多功能的产业体系。

(3)现代农业处于农业发展的最新阶段,是广泛应用现代科学技术、现代工业提供的生产资料和科学管理方法的社会化农业,主要指第二次世界大战后经济发达国家和地区的农业。

(二)现代农业的特征

现代农业广泛应用现代科学技术、现代工业提供的生产资料和科学管理方法,具有以下几个方面的特征。

1. 现代农业具备较高的综合生产率

现代农业因广泛应用现代科学技术、现代工业提供的生产资料和科学管理方法,具有较高的经济效益和更强的市场竞争力等,从而具有较高的综合生产效率,包括较高的土地产出率和劳动生产率。这是衡量现代农业发展水平的最重要标志。

2. 现代农业具有可持续发展的特点

在现代农业条件下,农业发展本身是可持续的,而且具有良好的区域生态环境。广泛采用生态农业、有机农业、绿色农业等生产技术和生产模式,实现淡水、土地等农业资源的可持续利用,达到区域生态的良性循环,农业本身成为一个良好的可循环的生态系统。

3. 现代农业具有高度商业化的特征

现代农业的生产主要为市场而生产,具有较高的商品率,通过市场机制来配置资源。商业化是以市场体系为基础的,现代农业要求建立非常完善的市场体系,包括农产品现代流通体系。离开了发达的市场体系,就不可能有真正的现代农业。农业现代化水平较高的国家,农产品商品率一般都在90%以上。

4. 现代农业应用现代化的物质条件

以比较完善的生产条件,基础设施和现代化的物质装备为基础,集约化、高效率地使用各种现代生产投入要素,包括水、电力、农膜、肥料、农药、良种、农业机械等物质投入和农业劳动力投入,从而达到提高农业生产率的目的。

5. 现代农业采用先进的科学技术

广泛采用先进适用的农业科学技术、生物技术和生产模式,改善农产品的品质、降低生产成本,以适应市场对农产品需求优质化、多样化、标准化的发展趋势。现代农业的发展过程,实质上是先进科学技术在农业领域广泛应用的过程,是用现代科技改造传统农业的过程。

6. 现代农业采用现代管理方式

广泛采用先进的经营方式,管理技术和管理手段,从农业生产的产前、产中、产后形成比较完整的紧密联系、有机衔接的产业链条,具有很高的组织化程度。有相对稳定,高效的农产品销售和加工转化渠道,有高效率的把分散的农民组织起来的组织体系,有高效率的现代农业管理体系。

7. 现代农业由高素质的职业农民经营

具有较高素质的农业经营管理人才和职业农民,是建设现代农业的前提条件,也是现代农业的突出特征。

8. 现代农业采用现代经营模式

现代农业实现生产的规模化、专业化、区域化。从而达到降低公共成本和外部成本,提高农业的效益和竞争力的目的。

9. 现代农业拥有完善的政府支持体系

现代农业的建立必须有与之相适应的政府宏观调控机制,有完善的农业支持保护的法律体系和政策体系,从而能有效地推动农业实现持续、快速、健康发展。

(三)现代农业的要素

1. 用现代物质条件装备农业

现代农业的发展,需要以较完备的现代物质条件为依托。改善农业基础设施建设,提高农业设施装备水平,构成现代农业建设的重要内容。只有加快农业基础建设,不断提高农业的设施装备水平,才能有效突破耕地和淡水短缺的约束,提高资源产出效率;才能大大减轻农业的劳动强度,提高农业劳动生产率;也才能提高农业的抗灾减灾能力,实现高产稳产的目标。

2. 用现代科学技术改造农业

科学技术是第一生产力,依靠科学技术实现资源的可持续利用,促进人与自然的和谐发展,日益成为各国共同面对的战略选择,科学技术作为核心竞争力日益成为国家间竞争的焦点。随着社会经济的不断发展,促进农业科技进步,提高农业综合生产能力,提高农业综合效益和竞争力,成为加快推动现代农业建设的重要内容。传统农业由于科技含量普遍较低,生产经营效率低下,综合效益明显不足。因此,必须用现代科学技术改造农业,大力推进农业现代化建设,不断增强农业科技创新能力建设,加强农业重大技术攻关和科研成果转化,着力健全农业技术推广体系,从而有效提高农业产业的科技技术装备水平,为现代农业发展提供强有力的科学技术支撑,为农民增收、农业增效与农村发展创造更为有利的条件。

3. 用现代产业体系提升农业

现代农业产业体系是集食物保障、原料供给、资源开发、生态保护、经济发展、文化传承、市场服务等产业于一体的综合系统,是多层次、复合型的产业体系。现代农业的发展,需要将生产、加工和销售相结合,也需要将产前、产中与产后相结合,从而有效促进现代农业的产业化发展目标的实现。用现代产业体系提升农业,成为现代农业发展的重要内容。在构建现代农业产业体系,推进农业现代化发展进程过程中,需要推进农村劳动力转移就业,壮大优势农产品竞争力,培植农产品加工龙头企业,打造农产品优质品牌等;同时,还必须进一步完善投入保障机制、公共服务机制、风险防范机制等保障机制建设,不断提高农业的产业化发展水平,为现代农业的产业化发展创造有利条件。

4. 用现代经营方式推进农业

现代经营方式具有市场性、高效性特点,有利于调动农业参与者的积极性与创造性,能大幅提高农业生产资料的运用效率,进而有利于增加农业产业的综合效益。现代农业的发展需要采用与之匹配的经营方式,集约化、规模化、组织化、社会化是现代农业对经营方式的内在要求。同时,党的十八大报告明确提出,要大力发展农民专业合作和股份合作,培育新型经营主体,发展多种形式规模经营,构建集约化、专业化、组织化、社会化相结合的新型农业经营体系。这为我国现代农业经营方式的选择确定提供了有效依据。构建集约化、专业化、组织化、社会化相结合的新型农业经营体系,大力培育专业大户、家庭农场、专业合作社等新型农业经营主体,发展多种形式的农业规模经营和社会化服务,是我国发展现代农业的必由之路。

5. 用现代发展理念引领农业

发展理念对现代农业产业发展产生着极为重要的影响,现代农业的发展需要先进的发展理念来引领。为此,现代农业的发展需要树立先进的发展理念:一是可持续发展理念。农业发展是关系国计民生的"大问题",现代农业更代表着农业产业发展的主流方向,需要始终坚持可持续发展理念,积极采用生态农业、有机农业、绿色农业等生产技术和生产模式,尽最大可能实现经济效益、社会效益和生态效益的完美统一。二是工业化发展理念。要实现现代农业的跨越式发展,必须借鉴工业化发展模式,对农业实行"工厂化"管理与"标准化"生产,进一步延长农业的产业链,不断提高农副产品的生产效率与品质,有效增强农业产业的深加工能力,大幅增加农业产业的附加值。三是品牌化发展理念。商品品牌具有显著的品牌效应,是企业无形的宝贵资产。因此,现代农业发展需要牢固树立品牌意识,积极实施农产品商标战略,着力打造知名品牌,积极发展品牌农业、绿色农业。此外,现代农业发展还需要树立集约化发展理念、全局协同发展理念等,以满足适应社会经济现代化的发展需要。

6. 用培养新型职业农民的办法发展农业

我国是一个农业大国,但却缺乏职业农民。现有的传统农民已经明显不能满足现代农业的发展要求,新型职业农民的培养对我国农业的现代化发展极为重要。新型职业农民是指"有文化、懂技术、会经营"的以农业作为专门工作的农民,是农业现代化发展的主要实践者。为了适应现代农业的发展需要,党和政府高度重视新型职业农民的培育工作,并实施了一系列的措施和办法,希望尽快培育出新型职业农民,以满足现代农业的发展需要。2007年1月,《中共中央、国务院关于积极发展现代农业扎实推进社会主义新农村建设的若干意见》首次正式提出培养"有文化、懂技术、会经营"的新型农民,同年10月新型农民的培养问题写进党的"十七大"报告。2012年中央一号文件首次提出,要培育新型职业农民,全面造就农村人才队伍,着力解决未来"谁来种地"的问题;党的"十八大"明确要求构建集约化、专业化、组织化、社会化相结合的新型农业经营体系。因此,新型职业农民成为现代农业发展的关键性要素。

二、现代农业的内在要求

(一)农民务农职业化

农民职业化,是指"农民"由一种身份象征向职业标识的转化。其实质是传统农民的终结和职业农民的诞生;职业化的农民将专职从事农业生产,其来源不再受行业限制,既可源自传统农民,也可源自非农产业中有志于从事农业的人。随着农业劳动生产率的提高,农村剩余劳动力将逐渐离开土地和农业,转变为工人和城市非农劳动者,而其余的小部分人则转化为新型职业农民。通过培训学习与实践,逐步实现农民务农职业化,从而有效地推动我国"四化同步"发展的进程,提高我国农业发展的现代化水平。这是我国农业发展的必然趋势,也是现代农业发展的内在要求。

1. 农民务农职业化有利于推进"四化同步"建设

农民务农职业化可以让职业农民安心钻研农业发展模式,精心选择农业产业,全力做好所从事的农业产业的发展工作。从而改变现有的农民兼有多种职业,从农不专业,从工无技术,常年处于"非农非工、非乡非城"的状态。同时,随着我国城镇化进程的不断加快,真正从事农业生产经营的人员应当从现在的47%下降到20%左右这宜。从而把农村剩余劳动力从农村转移出来,使他们从现在的农民工转变成城镇工人或市民,也可以促使他们安心钻研技术,集中精力开展创业经营。使留在农村的人能集中土地,开展农业的规模化、产业化经营,从而推进"四化同步"建设的顺利进行。

2. 农民务农职业化有利于提高现代农业发展水平

现代农业要求用现代的理念、现代的技术和现代的装备来武装农业,这既需要农业人员的专业知识,也需要农业人员的文化水平,并非传统的农民所能胜任。为此,实行农民务农职业化可以促进真正的农民学习农业知识,参加农业生产、经营的培训学习,激发他们的创业热情。这些经过培训的农民就是职业农民,他们必然是现代农业科技与设备的先行使用者,先进生产经营管理模式的践行者。只有这样的农民才能提高农业产业的生产效率,提升农业产业的产出水平,进而推进我国农业现代化的发展进程。因此,农民务农职业化有利于提高现代农业发展水平。

3. 农民务农职业化有利于新型农业经营主体的形成

我国未来农业的发展应当由新型农业经营主体来承担,这些新型农业经营主体表现为农民专业合作社、家庭农场、农业公司、种植和养殖大户。这些新型农业经营主体的组成人员一定不是传统的普通农民,他们是农民中的精英,他们是具有远见卓识的农民。可以设想,实行农民务农职业化就可以通过市场机制,把热爱农业、研究农业的人员吸引到农业队伍中来;一些对农业没有感觉、没有感受的农民就可以通过市场机制退出农业,通过另谋出路实现新的就业目标。而留在农业队伍中的人员,为了获得市场竞争优势,为了获得话语权,必然走向联合,从而促进新型农业经营主体的形成。

（二）农业产品品牌化

品牌即商标，通常由文字、标记、符号、图案和颜色等要素组合构成。在传统的农业生产中，人们习惯散装销售自己的产品，根本就不需要商标。随着市场竞争激烈程度的加剧，品牌成了影响产品价格的重要因素，品牌成了促进产品销售的重要因素。因此，农业产品品牌化成为现代农业的又一内在要求。

1. 有利于提高农业产品的知名度，获得品牌效益

随着现代生产技术与工艺的不断发展，同类企业所生产的产品在品质与性能等方面的差异化程度明显减弱。在激烈竞争的市场条件下，消费者选择商品更多关注的是产品的品牌，一个知名品牌往往能够吸引更多消费者的眼球。而且知名商品虽然在使用价值上和普通商品相差无几，而且价格可能高出许多甚至数倍，但大多数消费者仍然选择知名商品。因此，无论是何种行业、哪种产品，产品品牌是企业极为宝贵的无形资产，其重要性都不可小觑。农业产品实行品牌化，可以给广大消费者留下深刻的印象，可以让更多消费者了解它、认识它、接受它，从而可以有效提高农业产品的知名度，为占据更大的市场份额、获取更丰厚的经济利益创造有利条件，进而促进农业产品品牌效益的实现。

2. 有助于增强农业产业的竞争力，赢得市场份额

在竞争日趋激烈的现代市场条件下，企业间的竞争其实就是市场份额的争夺，而商品品牌的知名程度正是决定产品市场份额的关键。农业产品品牌知名度越高，将意味着产品的市场竞争力越强，就越能赢得更大和市场份额。反之，一个没有品牌的产品，往往进不了超市或高档的市场，只能屈就农贸市场、街头港边，无论品质多好，都只是一种大路货。因此，农业产品必须走品牌化的道路。当然，知名的品牌也需要以优质的农产品为基础，要打造知名品牌，必须生产出优质的产品。当然，农产

品品牌的打造是一项长期工程,不但需要提高农业生产者的生产经营理念,而且需要优质的品种、优良的种植方法、独特的经营模式。同时,知名品牌的打造需要时间,只有长期的市场宣传、消费者评价,才有可能打造出知名品牌。

3. 有利于提升农业企业的影响力,获取发展先机

随着现代农业发展的不断推进,新型农业经营主体得到快速发展,国家投资在农业上的各种项目经费、补贴经费也每年递增。当然,要想获得这些经费也不容易,农业企业为获取项目经费,相互竞争的激烈程度日趋加剧。谁拥有"响当当"的知名品牌,谁就具有强大的影响力,谁就有可能获得国家的扶持,谁就有可能获得发展的先机,谁就可能在激烈的市场竞争中发展壮大起来。因此,农业企业的品牌化建设有利于提升企业的整体社会影响力,有利于增强企业的市场竞争力,从而为企业获取市场发展先机提供有效支持。

(三)农业经营集约化

集约化经营是指经营者通过经营要素质量的提高、要素含量的增加、要素投入的集中以及要素组合方式的调整来增进效益的经营方式。集约是相对粗放而言,集约化经营是以效益为根本,对经营诸要素进行重组,实现最小的成本获得最大的投资回报。集约经营主要用于农业,那么,什么是农业集约化经营呢?农业集约化经营指在一定面积的土地上投入较多的生产资料和劳动,采用新的技术措施,进行精耕细作的农业经营方式。由粗放经营向集约经营转变,是农业生产发展的客观规律,是我国现代农业发展的内在要求。

1. 农业集约化经营是实现农业持续性发展的迫切需要

我国农业仍然实行的是以家庭分散经营为主的经营方式,这种经营方式有利于调动经营者的积极性,但同时也表现出一定的局限性。一是由于经营规模有限,难以获取规模经济与规

模效益;二是由于农业经济效率低下,大量农村青壮年外出务工,农村土地主要由妇女、老年人耕作,经营较为粗放,甚至"撂荒"现象不断。再过几十年,这些人再无体力种地,而青壮年外出务工,"今后谁来种地"成为一种严峻的现实问题。中央对此问题高度关注和重视,并采取一系列举措培养新型农民,不断提高农业的集约化经营水平,以提高我国的农业经营水平,满足现代农业的发展要求,确保我国农业的持续快速健康发展。特别是通过培育新型农业经营主体,加大土地流转的力度,提高农业集约化经营程度,实现农业持续发展。

2. 农业集约化经营是实现农业产业化发展的基础环节

农业的产业化发展需要以农业的集约化经营为依托,需要以确定的市场供求信息为指向。否则,农业产业化将难以发展。多年来,我国已经致力于农业产业化发展的道路,但由于农业集约化经营没有跟上,严重影响了农业产业化的发展势头。"自给自足"的小农经营模式,由于经营规模有限,经营管理粗放,已经无法与市场进行对接,无法满足日益多样化与个性化的市场需求,无法在激烈的竞争中获得优势。因此,现代农业必须走集约经营的道路。同时,我国农业发展处于市场经济的大环境中,必须适应市场经济发展的要求,而市场经济就是竞争经济,竞争就必须具备优势才能取胜。而集约经营正是农业获得优势的重要途径。因此,要加速农业产业化的发展进程,必须加速土地流转,实施农业集约化经营,以便为农业产业化奠定坚实基础。

3. 农业集约化经营是推进现代农业建设的客观要求

现代农业是一项复杂的系统工程,由诸多要素所构成,最基本的要素至少包括现代物质条件装备、现代科技、现代经营形式、新型农民、机械化、信息化等。在这些要素中,最核心的要素有两点:一是必须具备现代农业的经营方式,即农业的集约化经营;二是必须拥有现代农业发展的主体,即既有知识技术又懂经营管理的新型职业农民。只有在集约经营条件下,现代农业的诸多构成要素才能整合在一起,发挥出综合性的作用。也就是说农业集约化经营为这些要素的运用提供了空间和载体,倘若没有农业的集约化经营,没有新型农民的成长空间,现代物资装备、现代科技就无法使用,现代发展理念、现代经营形式就无法引入,土地产出率、资源利用率、劳动生产率、农业的效益和竞争力等就是一句空话。因此,农业集约化经营是推进我国现代农业发展的客观需要和内在要求。

三、现代农业的常见类型

(一)有机生态农业

生态农业是按照生态学原理和经济学原理,运用现代科学技术成果和现代管理手段,以及传统农业的有效经验建立起来的,能获得较高的经济效益、生态效益和社会效益的现代化农业。它要求把发展粮食与多种经济作物生产,发展大田种植与林、牧、副、渔业,发展大农业与第二、第三产业结合起来,利用传统农业的精华和现代科技成果,通过人工设计生态工程,协调好发展与环境之间、资源利用与保护之间的矛盾,形成生态上与经济上两个良性循环,实现经济、生态和社会三大效益的统一。

有机农业是遵照一定的有机农业生产标准,在生产中不采用基因工程获得的生物及其产物,不使用化学合成的农药、化肥、生长调节剂、饲料添加剂等物质,遵循自然规律和生态学原理,协调种植业和养殖业的平衡,采用一系列可持续发展的农业技术以维持持续稳定的农业生产体系的一种农业生产方式。

(二)绿色环保农业

绿色环保农业,是指以全面、协调、可持续发展为基本原则,以促进农产品数量保障、质量安全、生态安全、资源安全和提高农业综合效益为目标,充分运用先进科学技术、先进工业装备和先进的管理理念,汲取人类农业历史文明成果,遵循循环经济的原理,把标准化贯穿到农业的整个产业链中,实现生产、生态、经济三者协调统一的新型农业发展模式。

"绿色环保农业"是灵活利用生态环境的物质循环系统,实践农药安全管理技术、营养物综合管理技术、生物学技术和轮耕技术等,从而达到在发展农业生产的同时,也对农业生产环境进行有效保护,基本实现经济效益、社会效益、生态效益的有机统一,构成了我国农业现代化发展的重要内容。随着世界各国对生态环境保护的日益重视,绿色环保的理念深入人心,绿色环保农业的影响范围大为拓展,绿色环保产业将迎来广阔的发展空间。

(三)观光休闲农业

观光休闲农业是一种以农业和农村为载体的新型生态旅游业,是现代农业的组成部分,不仅具有生产功能,还具有改善生态环境质量,为人们提供观光、休闲、度假的生活功能。休闲观光农业是利用田园景观、自然生态及环境资源等通过规划设计和开发利用,结合农林牧渔生产、农业经营活动、农村文化及农家生活,提供人们休闲,增进居民对农业和农村体验为目的的农业经营形态。观光休闲农业是结合生产、生活与生态三位一体的农业,在经营上表现为产、供、销及休闲旅游服务等产业于一体的农业发展形式。观光休闲农业是区域农业与休闲旅游业有机融合并互生互化的一种促进农村经济发展的新业态。

(四)工厂运作农业

工厂运作农业是指综合运用现代高科技、新设备和管理方法发展起来的一种全面应用机械化、自动化技术,使资金、技术、设备高度融合密集运用的农业生产形式。工厂运作农业是农业设计的高级层次,能够在人工创造的环境中进行全过程的连续作业,从而有利于摆脱自然界的制约。工厂运作农业将农业生产工厂化,依托强大的生产技术与设备,在人工创造的环境中实行工厂化生产,可以在很大程度上减少对自然环境的依赖程度,有利于大幅提高农业生产效率,成为现代农业的又一重要类型。

（五）立体循环农业

立体循环农业是指利用生物间的相互关系,兴利避害,为了充分利用空间,把不同生物种群组合起来,多物种共存、多层次配置、多级物质能量循环利用的立体种植、立体养殖或立体种养的农业经营模式。

立体循环农业是现代农业的重要类型,立体循环农业充分利用光、热、水、肥、气等资源和各种农作物在生育过程中的时间差和空间差,在地面地下、水面水下、空中以及前方后方同时或交互进行生产,通过合理组装,粗细配套,组成各种类型的多功能、多层次、多途径的高产优质生产系统,从而尽可能地获得农业生产的最大综合效益。开发立体循环农业意义重大,不仅能够节约资源、节约空间,而且能够达到集约经营的效果,因此,已经成为我国现代农业发展的重要类型。

（六）订单生产农业

订单生产农业是指根据农产品订购合同、协议进行农业生产,也叫合同农业或契约农业。订单生产农业是现代农业的又一重要发展类型,具有强烈的市场性、严格的契约性、成果的预期性和违约的风险性。签约的一方为企业或中介组织包括经纪人和运销户,另一方为农民或农民群体代表。签约双方在订单中规定的农产品收购数量、质量和最低保护价,使双方享有相应的权利、义务和约束力,依法不能单方面毁约。但由于农业受自然环境影响较大,具有生产结果的不确定性,从而又带来产品市场的不确定性,因此,遭受违约的风险性很大。

同时,随着市场经济的持续发展以及市场竞争的不断加剧,对增强农民竞争力和促进农民增收仍然具有一定作用。订单农业可以从一定程度上为农民生产解除后顾之忧，也有利于减少农民生产的盲目性，所谓"手中有订单，种养心不慌。"但同时也要看到，我国的法制建设尚不完善，人们守法的意识和观念还不强，特别是在遇到严重自然灾害或巨大市场波动时，违约事件也时有发生。因此，订单农业既具有保险的一面，也具有一定的风险性，需要客观对待。

第二节　现代农业发展的必要性

一、发展现代农业是转变农业生产经营方式的需要

现代农业是与传统农业相对应的农业形态，是以广泛应用现代科学技术、普遍使用现代生产工具、全面实行现代经营管理为本质特征和主要标志的发达农业。改革开放几十年来，我国农业发生了翻天覆地的变化，取得了显著的成绩。但我国农业仍处于传统农业向现代农业的过渡阶段，推进现代农业建设任务繁重。转变农业生产经营方式、推进农业生产经营现代化，成为化解我国"三农"难题的重要途径。同时，现代农业依托现代先进技术与设备，实行集约化、规模化和产业化生产经营，发展现代农业成为转变农业生产经营方式的客观需要。

（一）农业的集约化经营需要发展现代农业

农业的集约化经营方式，就是在单位面积的土地投入更多的生产资料及劳动，并应用先进的生产技术与设备等，以提高农业产业的生产效率，生产出数量更多的农副产品。实现农业集约经营与粗放式农业生产经营方式存在着本质区别，是农业产业发展的巨大进步。实行农业集约化经营符合我国人多地少、人地矛盾较突出的基本国情，是我国农业生产经营方式转变的重要方向之一。同时，农业集约化经营需要投入大量的技术设

备与生产资料,而现代农业则以现代技术设备为依托,可以为农业的集约化生产提供农业技术与设备支持,农业的集约化经营离不开农业的现代化,二者不可断然分开,需要相互促进共同发展。

(二)农业的规模化经营需要发展现代农业

人多地少、农业经营分散是我国最基本的国情之一,这在很大程度上制约着我国农业的规模化经营,不利于农业规模效益与规模经济的实现。转变农业生产经营方式,变分散的、小规模的农业经营方式为适度集中的、规模化的农业经营方式,成为提高我国农业生产效率、促进农民增收的重要手段之一,农业的规模化经营符合我国未来农业的发展方向。同时,农业规模化经营需要以先进的农业技术与设备为支撑,需要以土地的合理流转为保障,而现代农业正好可以为其提供农业科技与设备支持,也可以有效推进我国农村土地的合理流转。因此,农业现代化可以为农业的规模化经营提供所需条件,农业规模化经营离不开现代农业的发展。

(三)农业的产业化经营需要发展现代农业

农业产业化以市场为导向,以提高经济效益为中心,以科技进步为支撑,围绕支柱产业和主导产品,优化组合各种生产要素,对农业和农村经济实行区域化布局、专业化生产、一体化经营、社会化服务、企业化管理。形成以市场牵龙头、龙头带基地、基地连农户,集种养加、产供销、内外贸、农科教为一体的经济管理体制和运行机制。而传统的农业生产多属于"自给自足"型,无论是生产效率还是商品化程度均较为低下,农业比较效益低下、农民增收困难、农村发展滞后等,均难以通过这种农业生产经营方式来突破,严重影响和制约了我国"三农"经济的发展步伐。相比之下,农业产业化经营方式具有巨大的发展潜力,在促进农业增效、农民增收与农村繁荣方面将发挥出更大功效,成为农业生产经营方式转变的又一重要方向。同时,农业产业化经营同样需要农业科技与设备为支撑,也需要先进的农业生产经营理念为指导。而农业的现代化正好可以对其进行有力支持,成为农业产业化经营的重要保障。因此,农业产业化同样也离不开现代农业的发展。

二、发展现代农业是提高农业综合发展能力的需要

要想在日益激烈的市场竞争中持续发展壮大,必须全面提升农业的综合发展能力,为持续健康发展目标的实现提供有力的"硬实力"。科技装备能力、综合生产能力与市场适应能力等构成了农业综合发展能力的主要内容,而现代农业凭借先进的农业技术装备、先进的发展理念以及高素质的新型农民,可以全面提高农业综合发展能力,推动农业不断向前发展。

(一)发展现代农业有利于增强农业的科技装备能力

农业的科技装备水平在很大程度上反映出农业的现代化程度,高水平的农业科技装备有利于提升农业的整体实力,促进农业产业实现可持续发展。同时,现代农业的发展需要以先进的农业科学技术与装备为依托,没有先进技术与装备做支撑的农业不能称为现代农业。一方面,现代农业的发展可以提高农业产业的科技含量与装备水平,增强农业产业的综合实力,为农业产业的持续性发展奠定坚实的科技装备基础;另一方面,也可以对农业科技与设备形成较大的市场需求,进而刺激农业现代科技与设备的"再生产",形成现代农业与农业科技设备互相促进的良性互动格局。

(二)发展现代农业有利于增强农业的综合生产能力

农业生产效率与农产品品质共同影响着农业的综合生产能力,是农业生产经营中至关重要的一环。要实现农业的高产与高效、农民的增产与增收,必须首先从农业生产这一源头抓起。

现代农业具有较高的农业技术与装备水平,应用先进的生产经营管理理念,实行集约化、规模化、专业化、标准化生产与经营,可以大幅提高农业产业的生产效率,生产出数量更多的农副产品,达到农业增产的目的;还可以有效改进农副产品的整体品质,满足人们日益多样化、个性化的消费需求,从而达到农业增效的目的。因此,凭借着先进的生产技术与设备、正确的生产经营理念和高效的生产经营方式,现代农业可以从源头上增强农业产业的综合生产能力。

(三)发展现代农业有利于增强农业的市场适应能力

在市场经济高速发展的时代背景下,市场在资源配置中起着基础性与决定性作用,农业产业的持续发展需要较强的市场适应能力,以便在激烈的市场竞争中占据更为有利的地位。现代农业以市场需求为导向,依托现代农业科技与设备,采用现代经营管理理念,实行专业化、标准化、集约化、规模化生产与经营,可以实现农业与市场的有效结合,农业产业可以根据市场需求调整生产结构,更好地满足市场需求,有效地增强农业的市场适应能力与竞争实力。因此,发展现代农业既可以增强农业产业的市场意识,也可以提高其市场竞争实力,有利于促进农业产业获取更为有利的市场地位。

三、发展现代农业是提高农产品国际竞争力的需要

随着开放程度的不断加深,我国农产品已经完全融入国际市场,面临着的挑战和竞争越来越激烈。为了有效应对国际农产品市场上的诸多挑战,并占据更为积极主动的国际市场位置,需要在农产品价格、品质等方面进行重点突破。而现代农业实行规模化、集约化和产业化生产,有利于降低生产经营成本,提高农产品国际竞争力。

(一)发展现代农业是迎接国际市场竞争挑战的需要

相对于国内市场,国际市场上的参与主体更加复杂多样,关

系更为错综复杂,市场门槛也相对更高。因此,在国际市场上的竞争更为激烈和残酷,面临的挑战与风险也更多。为了有效应对日益激烈残酷的国际市场的竞争与挑战,我国农业相关产业必须增强国际市场观念与危机意识,积极采用先进的农业科技与设备,实行高效的农业生产经营方式,确保所生产的农副产品具有"适销对路、物美价廉"的特性,从而促使其在激烈的国际市场上占据更为主动的地位。现代农业集现代技术设备、先进经营管理理念、高效生产经营方式于一体,可以有效增强农业产业的国际市场竞争力,既是发达国家普遍采用的农业发展模式,也是我国农业产业迎接国际市场竞争与挑战的重要手段。

(二)发展现代农业是提高农产品国际竞争价格优势的需要

国际市场的竞争既包括农产品品质的竞争,也包括农产品价格的竞争。获取市场价格优势成为农产品出口,获取更大市场份额的重要突破口。因此,提高农业生产经营效率、控制农业生产经营成本成为获取国际市场价格优势的重要途径,也是赢得国际农产品市场的重要手段。现代农业运用先进的农业科技与设备,采用规模化、机械化、专业化等高效生产经营模式,有利于提高农业生产效率,控制或降低农业生产成本,有利于获得规模经济效益,有利于获得国际市场的竞争优势。

(三)发展现代农业是提高农产品国际品质优势的需要

随着国际贸易竞争的加剧,农产品国际贸易的门槛要求越来越高,这为我国农业产业的发展提出了新的更高要求与挑战。而农产品品质的提高,关键在于科学生产经营方式的运用和先进技术设备的采用。发展现代农业,有利于促进生产经营方式的转变,有利于先进技术设备的广泛应用,从而有利于提高农产品品质,为我国农业产业获得更大的国际市场份额、实现全球化战略提供支撑。因此,发展现代农业是提高农产品品质的重要途径,也是我国农业产业更好地走向世界的关键性举措。

第三节　现代农业发展的紧迫性

一、农村土地经营分散影响农业效益,必须发展现代农业

改革开放以来,我国农村实行的是以家庭联产承包责任制为基础,统分结合的双层经营体制,在特定历史时期内极大地调动了广大农民群众的生产积极性与创造性,推动了我国农业产业经济的快速发展。但随着社会经济的深入发展,这种农村经营体制在某种程度上造成了农村土地的分散经营,不利于农业产业的规模化与集约化经营。因此,需要在坚持现有农村经济制度的基础上,深化农村社会经济改革,促进农村土地合理流转,大力推进我国农业产业现代化,有效提高农业产业的综合效益。

(一) 不利于农业规模化发展,难以获得规模效益

我国农业人口众多、农村耕地有限,人地矛盾较为突出,在现有的农村经营体制之下,农民以家庭为单位承包农村土地,单独从事农业生产经营活动,农村土地经营较为分散。由此造成农业经营主体发展规模普遍偏小,经营土地分散,大规模机械化耕作难度较大,农业生产效率低而成本高,难以获得农业生产的规模效益,农业产业比较效益低下,农民收入水平普遍偏低。同时,由于农村社会保障制度不健全,农民离土不离乡,虽然长年在城里打工,但也不愿放弃已经承包的土地,导致土地流转相对困难,从而不利于农业产业的规模化经营。此外,由于农民分散经营,农业生产组织化程度较低,缺乏市场话语权,严重影响了农业的比较效益。

(二) 不利于农业集约化生产,难以获取竞争优势

农村土地经营分散在不利于农业产业规模化经营的同时,

也不利于农业产业的集约化经营。一方面,农村土地经营分散,农业生产的新技术、新模式难以推广,不利于开展集约化经营,导致农业生产效率低下。另一方面,农村土地经营分散,机械化的应用受到极大的限制,也加大了农业集约化生产的难度。此外,农村土地生产经营分散,农业经营主体组织化程度不高,增加了农业产业的专业化、标准化生产难度,影响了农产品品质的一致性和稳定性。同时,由于缺乏组织性,难以对市场供求信息形成有效判断,产品的市场竞争力大打折扣。因此,农村土地分散经营不利于农业产业的集约化经营,严重地影响到农产品的市场竞争力。

(三)制约农业综合效益提升,难以实现农业现代化

农村土地经营分散,严重影响制约了农业产业综合效益的提升,阻碍了现代农业的发展。农村土地分散经营,不利于提高农民的综合素质,难以培养出农业现代化的人才;农村土地分散经营,不利于农业产业的规划与发展,影响现代农业发展模式的形成;农村土地分散经营,不利于农业市场地位的建立,影响农业的市场竞争力。因此,必须改变农村土地分散经营现状,积极发展现代农业,实行规模化、集约化、产业化、专业化生产,才有可能促进农业产业综合效益的大幅提高,农民群众也才有可能实现收入的持续增长。因此,无论是促进农业效益的增加,还是推动农业的持续进步,都必须大力发展现代农业。

二、职业农民尚未形成影响农业水平,必须发展现代农业

农民是农业生产经营的主要参与者与具体实践者,其综合素质的高低直接影响到农业的发展水平。随着城镇化与工业化的稳步推进,加之受农业比较效益低下的影响,大批农村青壮年离开农村进城务工,真正从事农业生产的主要是妇女和老人,有文化、懂技术的职业农民尚未形成。发展现代农业需要高素质的职业农民,也只有高素质的职业农民才能承担起现代农业的

重任。

　　大批农村青壮年进城务工,妇女、儿童与老人留守农村,农业经营主体老龄化、青壮年农民普遍兼业化,严重影响了我国新型职业农民的有效形成,从而不利于现代农业科技与设备广泛应用,影响了农业产业的科技含量与水平。具体而言,一方面,大多数老人受传统的小农思想意识影响较深,学习应用现代农业科技与设备的积极性不够;另一方面,老年人的科学文化素质普遍偏低,学习、理解、记忆能力较差,农业科技与设备的实际运用能力不足。此外,老年人缺乏经济实力,基本上无力购买现代先进的农业生产设备。因此,应该大力发展现代农业,积极培育新型职业农民,以大幅提高农业产业发展的科技水平。

　　由于我国新型职业农民尚未形成,现有从事农业生产的人员绝大部分既没有能力也没有动力去研究农业的发展,因此,不可能形成现代农业经营的理念,从而严重影响到我国农业整体经营水平的提升。农业经营水平的提高需要以先进的生产经营理念为指导,以先进的技术设备为支撑,以高效的生产经营方式为保障。但无论是先进技术与设备的应用,还是生产高效经营方式的采用,都与农业经营主体的生产经营理念有关,均受其生产经营理念的深刻影响。由于我国新型职业农民尚未形成,现代农业生产经营理念难以推广,不仅增加了农业产业现代生产经营理念的推广难度,而且严重影响到农业产业整体经营水平的提升。

　　新型职业农民的培育与形成,有利于提高农业经营主体的整体素质,促进农业现代科技与设备的广泛运用和推广,从而对农业产业科技装备水平的大幅提升产生积极显著的影响;发展现代农业有利于培养现代农民,在现代农业经营模式下,从业人员能够接受现代农业经营思想和经营理念的熏陶,迅速成长为职业农民;发展现代农业有利于现代科学技术的推广应用,能促进高效生产经营模式的形成,对有效增强我国农业产业的竞争能力起到推动作用，从而培养出新型职业农民。反过来，新型职业农民的形成，又有利于农业科技水平的广泛应用和普及，有利于现代农业模式的形成与发展。因此，需要大力发展现代农业，积极培育新型职业农民，使两者之间形成一种良性的动态互动关系，相互促进，共同发展，为农业产业发展综合水平的显著提升创造有利条件。

三、农业污染现状堪忧影响农业发展，必须发展现代农业

我国农业产业发展面临着巨大的人口、资源和环境压力，化肥农药等的大量施用成为提高土地产出水平的重要途径。而化肥、农药、农膜等的过度使用，又会造成严重的农业污染。进入21世纪，农业产业发展所面临的压力更为巨大，加之农民环保意识不强、农民环保能力有限、农业环保监控缺乏等因素的综合影响，进一步加深了农业产业对化肥、农药、农膜的依赖程度。我国农业污染问题日益突出，现状堪忧，严重影响着我国农业产业的可持续发展。因此，迫切需要大力发展现代农业，以改善农业污染现状，促进农业产业健康发展。

（一）农民环保意识不强，农业污染频发，必须发展现代农业

农民环保意识不强是导致农业污染频发的重要原因之一，由于受科学文化程度的局限，加之农业环保的宣传工作尚待进一步加强，不少农民缺乏对农业环保的深刻了解与认识，难以在短时间内形成较强的农业环保意识，极易在农业生产过程中造成农业污染。而现代农业依靠先进的农业科技与设备，谋求社会效益、经济效益与生态效益的有机统一，以实现农业产业可持续发展为根本目标。因此，大力发展现代农业，有利于培养农民的环保意识，加深对农业环保重要性的理解与认识。从而增强环保的自觉性和主动性，促进农业产业持续健康发展。

（二）农民环保能力有限，农业污染不断，必须发展现代农业

除了农业环保意识不强外，农民环保能力有限也是农业污染不断加剧的重要原因之一。一方面，农民科学文化程度普遍偏低，农业环保技术与设备缺乏，客观上造成了农业环境污染不断加剧。另一方面，农业比较效益低下，缺乏投资环保的经济实力，主观上不愿意把资金过多地投入到环保上，也加剧了环境的污染。发展现代农业可以充分发挥现代农业的经营模式、技术与设备的优势，减少对化肥、农药的过分依赖，兼顾社会效益、经济效益与环保效益，从而可以对农业污染起到较好的预防作用。同时，现代农业的经营模式，有利于培养和提高农民的环保意识，有利于农业环保技术与设备的广泛使用，从而有效减少农业污染。此外，发展现代农业，有利于农民收入水平和综合素质的提高，促进农民环保意识的增强，从而有效地控制和减少农业污染。

（三）农业环保监控缺乏，农业污染严重，必须发展现代农业

我国目前还缺乏有效的农业环保监控措施，农业生产基本处于放任自流的状况。农民在利益的驱使下，主观上很少考虑污染问题。加上化肥、农药、激素虽然有污染的一面，但也同时具有见效快、成本低、效益高的特点，在缺乏有效监督的情况下，必然会被广泛使用，客观上加剧了农业污染。而且我国农业经营主体分散，不便集中管理，给监管工作带来了困难，给农业污染留下了空间。发展现代农业，实行集约经营，有利于科学的经营理念的形成，有利于科学的管理规范的推广应用，有利于农业环保监控体系的建立与完善，从而提高农业环保监控效率，提高农产品的品质和安全性。

第四节　现代农业发展的模式

一、生态农业

(一)生态农业的概念

生态农业是 20 世纪 60 年代末期作为解决"石油农业"的弊端而出现的,被认为是继"石油农业"之后世界农业发展的一个重要阶段。生态农业主要是通过提高太阳能的固定率和利用率、生物能的转化率、废弃物的再循环利用率等,促进物质在农业生态系统内部的循环利用和多次重复利用,以尽可能少的投入,求得尽可能多的产出,并获得生产发展、能源再利用、生态环境保护、经济效益等相统一的综合性效果,使农业生产处于良性循环中。生态农业不同于一般农业,它不仅避免了"石油农业"的弊端,并且发挥出了明显的优越性。通过适量施用化肥和低毒高效农药等,生态农业突破了传统农业的局限性,但又保持其精耕细作、施用有机肥、间作套种等优良传统。生态农业既是有机农业与无机农业相结合的综合体,又是一个庞大的综合系统工程和高效的、复杂的人工生态系统以及先进的农业生产体系。

综上所述,我国的生态农业是指在保护、改善农业生态环境的思想指导下。按照农业生态系统内物种共生、物质循环、能量多层次利用等生态学原理和经济学原理。因地制宜,运用系统工程方法和现代科学技术,运用现代科学技术成果和现代管理手段,以及传统农业的有效经验建立起来的,集约化经营的农业发展模式。充分发挥地区资源优势,依据经济发展水平及"整体、协调、循环、再生"原则,运用系统工程方法,全面规划、合理组织农业生产,实现农业高产优质高效持续发展,达到生态和经济两个系统的良性循环,使农业的经济效益、生态效益、社会效益协调统一的现代化农业。

(二)生态农业的发展趋势

1. 生态农业产业化

21 世纪全球经济生态化、知识化的趋势,决定了生态产业是产业革命的必然结果。同样,21 世纪的现代化发展方向也必然使农业现代化纳入生态发展的轨道。由于当前我国农业出现的社会效益与自身经济效益的矛盾、分散农户与大市场的矛盾以及受市场和自然资源双重约束的几大矛盾并没有完全解决,农业生产从数量向品种、质量转化,产值贡献弱化,市场贡献以及农业环境贡献逐渐增大的现实,决定了发展生态农业,特别是生态农业产业化的必要性。

2. 生态农产品质量标准化,生态农业生产规范化

国内农产品质量标准制订滞后,直接影响了我国农产品质量的提高,降低了我国农产品在国际市场中的竞争力,因此,应加快农产品质量标准的制订。在进一步完善农业生态环境监测网的基础上,应重点加强农产品质量安全检测机构建设,形成功能齐全的省、市、县梯级农产品质量检测体系。通过全国农产品监测网络,对农产品质量实施统一的监测监控,对农产品的生产过程进行全程监控,使质量管理关口前移,提高农产品的质量与安全性,保证向市场提供无公害、绿色或有机食品,提高产品的品牌价值和信誉度,建设完善的市场与流通体系,维护生产者和消费者的利益。

3. 科技对生态农业发展的促进作用将得到强化

农业高科技日益成为发达国家农业持续发展和产业升级换代的支撑,利用现代生物技术培育新品种,进行生物病虫害防治,提高农产品产量和品质,降低生产成本,已经渗透到农业的常规技术领域。而我国在生态农业产业化方面还缺乏相应的原创性研究和应用,与发达国家相比差距较大。所以,我们要加大农业科技投入,鼓励科技创新,加快科技发展,提高产品的技术

含量和科技附加值,解决我国农产品技术含量较低的致命弱势。

(三)中国生态农业的技术措施

生态农业是从生物与环境两个方面来研究农业的生产过程,所以,生态农业技术措施也应该包括这两个方面的内容。

1. 水土流失和土地沙化综合治理技术

防止水土流失最主要的措施就是增加植被,严禁毁林开荒,实行造林种草,封山育林,在农业生产中采用等高种植法,以及横坡带状间作等方法。

2. 防止土壤污染技术

控制和消除外排污染源,严格控制污染物进入土壤;研制生产高效、低毒、低残留的新型农药,代替剧毒高残留农药;利用生物防治技术,实现以虫治虫,以菌治虫;利用微生物的转化、降解作用,减少污染物的残留。

3. 水体富营养化的防治技术

水体富营养化是指在人类活动影响下,水体中的氮、磷等营养物质含量增高,使水中的藻类等生物大量繁殖而对水体产生危害。控制方法包括:控制外源性营养物质输入,减少水体营养物质富集的可能性;减少内源性营养物质积聚,挖掘底泥沉积物,进行水体深层暴气;用化学药剂杀藻;利用水生生物(如凤眼莲、芦苇、丽藻等)吸收利用氮、磷元素,以除去这些营养物质。

4. 生物共生互惠及立体布局技术

共生互惠和立体布局包括植物与植物、植物与动物、动物与动物等的相互组配和合理布局,如稻田养鱼,蔗田种蘑菇,鲢、鳙鱼、草鱼、鲫鱼和河蚌混养等。

5. 农业环境和农业生产自净技术

自净技术即是在生产系统内,将上一级生产产出的废弃物,变为下一级生产的有效投入,从而避免污染物的外排而影响环境洁净的技术。如人畜粪尿还田,田边和村边种植防护林带,鸡(粪)—猪(粪)—鱼(塘泥)—作物(农副产品)—鸡、猪食物链技术等。

6. 有害生物的综合治理技术

综合治理技术包括病虫害、杂草的生物防治技术,采用作物的间套轮作、不同耕作等方法,以及利用各种物理、机械方法防治病虫草害等。

7. 农村能源的开发和利用

(1)充分利用太阳能。如建太阳能温室、塑料大棚、地膜覆盖、太阳能干燥器、太阳能取暖器、太阳能蓄水池等。大力营造薪炭林,解决农村能源短缺的问题。

(2)积极发展沼气。

(3)用风能、水能以及其他能源。

(四)中国生态农业建设的模式

生态农业模式是整个生态农业借以组装和运行的蓝图,是各组成要素在整个系统网络中的地位和相互循环关系的具体表达。我国的生态农业模式类型多种多样,由于农业系统及其组成要素的多样性和复杂性,目前尚无统一的分类体系,结合当前的生产实践和研究成果大致可分为以下几种类型。

1. 立体利用型

根据具体条件,采用各种垂直布局。随着生态农业发展,它的内容越来越丰富,形式越来越多样。大范围的立体利用是山水田林路,按照地形、地貌,以及小气候、土质、农田、村舍、道路、沟渠的特点,进行立体布置,把上方的山、坡和下方的农田作为一个生态系统整体来建设,被称为立体农业。小范围的立体利用,则是在一块农田或一片林果地的立体布置。地处山区的山西绛县,按海拔高低层次,进行立体布局。在千米高海拔的山崖陡坡种植油松等用材林,称大"松柏盖顶";在海拔稍低的缓坡地带,种植山楂、核桃、花椒等经济林,称为"花果缠腰";而山脚、复垦地栽苹果、烟草,称为"药果烟盘底"。至于农田的立体利用,可采取高矮作物间作,耐阴与喜阳作物间作,乃至在高秆或高架作物之下养殖鹅、鸭、培植食用菌等,既能分层分期(有时利用两种作物彼此错开需要充足阳光的阶段)利用阳光,又各得其所,地尽其利。近年许多农场和农户在葡萄园地面养鹅吃草,或甘蔗地行间养鸭,或在葡萄园开深沟,既排水又在沟内养殖,形成高度集约利用土地、水面等资源的立体生产,都取得了很好的经济效益和生态效益。

2. 沼气利用型

沼气利用型是以农业生产为基础的家庭经济发展类型,它以沼气为纽带,利用食物链加循环技术将种植业、养殖业及加工业联系在一起,通过增加畜禽饲养和沼气池厌氧发酵,将传统的单一种植和高效饲料以及废弃物综合利用有机地结合起来,在农业系统内做到能量多级利用、物质良性循环。如南方的"猪—沼—果"模式。

3. 食物链型

食物链型主要涉及有食物链关系的初级生产者、次级生产者和分解者之间的搭配。这类模式在我国生态农业建设实践中得到最广泛的运用。根据食物链的结构可分为:

(1)食物链延伸模式。如利用作物秸秆作饲料养猪,猪粪养蛆,蛆喂鸡,鸡粪施于作物。在这种循环中,废弃物被合理利用,可减少环境污染,从而建立取食、寄生、捕食、防污的食物链模式,还可以利用食物链进行有害生物综合防治,减少农药的使用量以保证农作物的优质、安全,如赤眼蜂食玉米螟模式、七星瓢虫捕食棉田蚜虫模式、森林灰喜鹊食松毛虫模式等。

(2)食物链阻断模式。该模式即在污染出现时,为阻断污染物的食物链浓缩,需打断食物链联系。如在农田生产中可采用种植花卉、用材林、草坪等非食物生产模式,在水体可采用养殖观赏鱼类的生产模式。这是一种按照农业生态系统的能量流动和物质循环规律而设计的良性循环的农业生态系统。

4. 生物互利共生型

该类型利用生物群落内各层生物的不同生态特性及互利共生关系,分层利用空间,提高生态系统光能利用率和土地生产力,增加物质生产。这是一个在空间上多层次,在时间上多序列的产业结构类型,使处于不同生态位的各生物类群在系统中各得其所、相得益彰、互惠互利,充分利用太阳能、水分和矿物质营养元素,实现对农业生态系统空间资源和土地资源的充分利用,从而提高资源的利用和生物产品的产出,获得较高的经济效益和生态效益。生物互利共生型以先进适用的农业技术为基础,以保护和改善农业生态环境为核心,强化农田基本建设,提高单产。该类型主要包括农林牧副渔复合型、农作物复合种植型、其他复合型几种类型。

5. 产业链延长增值型

该类型是以经济效益为中心,以农业可持续发展为目标,将农业生产中的主产品或副产品加工增值,从而增加农业产值,并努力实现生产的产业化,促进产、加、销、贸一体化的农业生产模式,如青贮玉米—饲料模式、玉米—猪—肉罐头模式等。

6. 环境治理型

该类型采用生物措施和工程措施相结合的方法,综合治理水土流失、草原退化、沙漠化、盐碱化等生态环境恶化区域,通过植树造林、改良土壤、兴修水利、农田基本建设等,并配合模拟自然群落的方式,实行乔木、灌木、草结合,建立多层次、多年生、多品种的复合群落生物措施,是生物措施与工程技术的综合运用模式。它包括以下 4 种模式:

（1）丘陵山区小流域综合治理模式。该模式在水土流失较为严重的地区以植树造林为主要途径，发展林果、养殖等产业，实行小流域的综合治理，改善生态环境，逐步创造良好的农业发展环境。主要采取退耕还林、还草、封山绿化的综合措施，加强对天然林的保护，集雨灌溉，涵养水源，防水固土，保持土壤肥力，在陡坡地栽种用材林，在缓坡地栽种经济林，在平地搞养殖、经济作物种植及农产品加工。在农牧结合区，采用以沼气工程为纽带的生态农业模式，以农带牧，以沼促粮、草、果种植业，形成生态系统和产业链合理循环。

（2）盐碱地治理模式。该模式采用打浅井、开深沟、建造人工防护林，引进抗盐碱的豆科牧草发展畜牧业，种植青绿肥增加有机质等。

（3）草地恢复与生态牧业模式。该模式根据草场类型和产草量，确定不同牲畜的种群结构和载畜量，分地区分季节安排牧业生产；退耕还草还牧，提高草地的产草量；缩短育肥周期，养活载畜量和放牧强度；引导牧民从事畜产品加工业等行业。

（4）保护性耕作模式。该模式在保证种子能发芽的基础上尽可能减少土壤耕作，并用作物秸秆、残茬覆盖地表，用化学药物来控制杂草和病虫害，从而减少土壤风蚀、水蚀，提高土壤肥力和抗旱能力。保护性耕作模式是干旱少雨、风蚀严重地区应对恶劣环境的重要模式。

7. 资源开发利用型

该类型主要分布在山区及沿海滩涂和平原水网地区的荡滩，这些地区农业发展潜力较大，有大量自然资源未得到充分开发或很好地利用。通过因地制宜、全面规划、综合开发，利用改造荒山、荒坡、荒滩、荒水，实行资源开发与环境治理相结合，治山与治穷相结合，可全面促进环境建设、生产建设和经济建设。该模式适用于农业发展潜力大、生态环境好、资源丰富但未得到充分开发或利用的地区。

8. 观光旅游型

该类型是运用生态学、生态经济学原理,将生态农业建设和旅游观光结合在一起的良性模式。在效能发达的城市郊区或旅游区附近,以当地山水资源和自然景色为依托,以农业作为旅游的主题,根据自身特点,将旅游观光、休闲娱乐、科研和生产结合为一体的农业生产体系。根据农业观光园的应用特点将其分为观光农园、农业公园、教育农园三类。

(1)观光农园型。以生产农作物、园艺作物、花卉、茶等为主营项目,让游人参与生产、管理及收获等活动,还可让游客欣赏、品尝、购买园区的作物。它又可细分为观光果园、观光菜园、观光花园(圃)、观光茶园等,如北京朝来农艺园、河南世锦花木公司等。

(2)农业公园型。把农业生产、农产品销售、旅游、休闲娱乐和园林结合起来的园区称为农业公园。这类农园应注重在休闲、旅、度假、食宿、购物(农产品)、会议、娱乐设施等方面的完善,注重人文资源和历史资源的开发,是一种综合性的农业观光园。如湖北宜昌的旅游型景观农业区、四川的九寨沟、浙江义乌的农业现代化示范区、河南省淮阳市的中原绿色庄园等。

(3)教育农园型。该类型既兼顾农业生产、农业科普教育,又兼顾园林和旅游,故称为教育农园。其园内的植物类别、先进性、代表性形态特征和造型特点等不仅能给游园者以科普知识教育,而且能展示科学技术就是生产力的实景;既能获得一定的经济效益,又能陶冶人们的性情,丰富人们的业余文化生活,从而达到娱乐身心的目的。如深圳的世界农业博览园、上海孙桥的现代农业开发区、河南省郑州市陈寨村的特色植物展示园等。

二、观光休闲农业

(一)观光休闲农业的概念

观光休闲农业是利用农村景观、农业活动、农村民俗文化,通过规划和开发,为人们提供兼有观光、休闲、娱乐、教育、生产等多种功能为一体的农业旅游活动,是一种生态旅游新类型。观光休闲农业的发展,将农业观光、农事体验、生态休闲、自然景观、农耕文化等有机结合起来,既满足了城市居民崇尚自然、回归自然、享受自然的需要,又促进了乡村旅游业的崛起。

由于我国的休闲观光农业起步较晚,目前还存在以下不足:一是缺乏科学规划,现有的观光休闲农业基本上处于乡村和工商业主自发状态,缺少整体规划和科学认证,模式单一、风格雷同,缺少各自的独特创意;二是品位档次不高,经营规模偏小,项目内容单调,赋予特色的为数不多,影响了经济效益的提高;三是管理服务不够规范,管理人员绝大多数是原来的生产、加工、营销的人员,服务人员基本上向社会招收,缺乏管理经验,整体素质较低;四是政策扶持力度不大,要素"瓶颈"制约了观光休闲农业的发展。

(二)我国观光休闲农业的发展思路

1. 因地制宜,科学规划

发展休闲观光农业要从长计议、系统筹划,科学制订发展规划。由于各地环境不同,地理因素各异,产业特色有别。因此,在编制规划时,要按照"因地制宜、突出特色、合理布局、和谐发展"和"合理开发、永续利用、保护耕地"的要求,注重区域定位、功能定位、形态定位,避免雷同、重复建设,克服盲目追求高档、贪大求洋甚至"毁农造景"的现象。做到有序发展、相对集中、规模开发。休闲观光农业规划要与土地利用总体规划、农业发展规划、城市旅游规划、新农村建设规划相互衔接,确保规划的整体性、前瞻性和延续性。充分利用田园景观、村居民舍、乡土风情、农耕民族文化等资源,将农业生产、生活、生态协调融合,使特色农业得到展示,旅游项目得到发挥,环境保护得到加强,实现人与自然的和谐发展。

2. 注重特色,农旅结合

发展休闲观光农业必须要坚持以农业为基础、农民为主体、农村为特色,把农业产业发展、增加农民收入放在首位。项目建设要突出农味,吃农家饭、住农家屋,干农家活、享农家乐,拓展设施栽培、生态养殖、立体种养、种养加一体化等高效生态农业模式的功能,达到游客求变、求异、求新、求特、求美的消费心理。休闲观光农业既是"三农"的延伸,又是旅游业空间的拓展。在强调以农为本的同时,也要重视兴旅,灵活运用"农中有旅,以旅强农,农旅结合,强农兴旅",突出休闲性,增强参与性,体现娱乐性,满足不同消费人群,使游客真实体验到地道的农家之乐。

3. 加强管理,规范发展

发展休闲观光农业,服务是核心,安全是保证,必须规范内部管理,提高服务质量,确保游客身体健康、生命安全。要制订行业管理标准和服务管理办法,做到有标可查、有章可循,构建完善的质量安全管理体系。结合农村劳动素质培训,对从业人员加强农艺知识、菜肴烹饪、食品卫生、安全生产、诚信意识、森林防火等方面的培训,提高其综合素质和服务水准。积极培育和组建休闲观光农业的行业协会、专业合作社等中介服务组织,增强行业自我服务、自我管理、自我约束、自我发展。业务主管部门要经常性地开展检查、指导,实行有效的监督管理,及时化解风险,帮助解决困难,真正打造一批特色突出、经营规范、服务周到、安全卫生,深受游客欢迎的休闲观光农业项目。

4. 优化环境,联动协作

休闲观光农业是时代发展和社会进步的产物,也是一项系统性极强的工程,需要各级各部门的协调配合、联动协作。财政部门要安排专项资金,列入年度预算,重点扶持特色明显、运行规范、前景广阔的休闲观光农业项目,同时要鼓励引导工商资本、民营资本、外来资本投资开发，建立起"政府扶持、业主为主、社会参与"的投入机制。金融部门要优化信贷结构，把休闲观光农业建设纳入支农重点，适当放宽担保抵押条件，简化审批手续，并给予贷款利率和时间上的优惠。农业部门积极创新土地流转机制，按照"自愿、依法、有偿"的原则，采取转让、出租、互换、入股等形式，推进土地规模经营。国土部门要鼓励开发废弃园地、林地、荒山等，盘活存量土地，对休闲观光农业管理配套设施用地实行用地倾斜，其他有关部门都要按照各自的职能，为休闲观光农业的发展提供强有力的保障。

5. 加强领导，强化宣传

发展休闲观光农业是落实科学发展观、走创业创新之路的有效举措，是发展现代农业、建设社会主义新农村的客观要求，也是促进农业增效、农民增收、农村发展的有效途径。各级各部门一定要统一思想，达成共识，创新思路，精心组织，狠抓落实，进一步加强对休闲观光农业的领导。同时，要加大宣传力度，扩大影响，提高知名度。通过各种新闻媒体，及时报道先进典型，发挥舆论导向用，营造休闲观光农业发展氛围。通过举办或参与各种节庆、节会等活动，搭建平台、设立窗口，展示休闲观光农业风采，扩大市场有率。通过项目策划包装，打造精品亮点，实施品牌战略，推进休闲观光农业有序、快速、持续、健康发展。

(三)我国观光休闲农业的具体发展方向

1. 依托田园和生态景观

乡村田园生态景观是现代城市居民闲暇生活的向往和旅游消费时尚，也是观光休闲农业赖以发展的基础。因此，①在选址上，首先要考虑以周边优美的农村生态景观为依托，并与所规划的观光休闲农业项目特色相匹配。②在规划上，要以农业田园景观和农村文化景观为铺垫。选择园林、花卉、蔬菜、水果等特色作物，高新农业技术，特色农村文化，作为规划的基本元素。

③在建设上,既要对农村环境的落后面貌进行必要的改造,同时要注意保护农村生态的原真性。

2. 重视休憩和体验设计

观光休闲农业的客源,在节假日主要是近距离城市休憩放松的上班族,上班时间主要为退休人员,也有业务洽谈和会议选在生态景观和设施条件较好的观光休闲农业景点进行。去观光休闲农业消遣,已经成为不少城市居民的一种生活方式。因此,策划成功的关键之一是如何处理好"静"和"动",即养生休闲和运动休闲的关系。休憩节点的设计要"静",所谓"静"就是田园的恬静和农家的祥和,就是要为人们提供恬静休闲的空间和场所。"动"主要是娱乐游憩或农事体验,要做到"动"的项目寓于"静"的景观之中。这样,既能满足城镇居民渴望回归自然、放松身心的休闲需求,又能满足城镇居民科学文化认知的需要,还能延长游憩时间、增加二次消费。

3. 挖掘民俗和农耕文化

要保持观光休闲农业项目长期繁荣兴盛,就应该在丰富观光休闲农业的文化内涵上下工夫。深入挖掘农村民俗文化和农耕文化资源,提升观光休闲农业的文化品位,实现自然生态和人文生态的有机结合。如传统农居、家具,传统作坊、器具,民间演艺、游戏,民间楹联、匾牌,民间歌赋、传说,名人胜地、古迹,农家土菜、饮品,农耕谚语、农具等,都是观光休闲农业景观规划、项目策划和单体设计中可以开发利用的重要民间文化和农耕文化资源。

4. 突出特色和主题策划

特色是观光休闲农业产品的核心竞争力,主题是观光休闲农业产品的核心吸引力。要认真摸清可开发的资源情况,分析周边观光休闲农业项目特点,巧用不同的农业生产与农村文化资源营造特色。农村资源具有的地域性、季节性、景观性、生态性、知识性、文化性、传统性等特点,都是营造特色时可利用的特性。根据资源特性和项目定位,进行主题策划。

三、设施农业

设施农业就是运用现代工业技术成果和方法、用工程建设的手段为农产品生产提供可以人为控制和调节的环境和条件,使植物和动物处于最佳的生长状态,使光、热、土地等资源得到最充分的利用,形成农产品的工业化生产和周年生产,从而更加有效地保证农产品的供应,提高农产品质量、生产规模和经济效益,促进农业现代化。

设施农业主要内容是与集约化种、养殖业相关的园艺设施和畜禽舍的环境创造、环境控制技术及与其配套的各种技术和装备。因此,设施农业又被称为工厂化农业。

(一)设施农业的概念

设施农业是在不适宜生物生长发育的环境条件下,通过建立结构设施,在充分利用自然环境条件的基础上,人为地创造生物生长发育的生长环境条件,实现高产、高效的现代农业生产方式,包括设施种植和设施养殖。通常所说的设施农业是设施种植,即植物的设施栽培,是指在采用各种材料建成的,具有对温、光、水、肥、气等环境因素控制的空间里,进行植物栽培的农业生产方法。

设施农业作为农业生态系统的一个子系统,既具有农业生态系统的一般特征,也具有与一般生态系统明显不同的自身特点:一是人的干预和控制性强,包括对种群结构、环境结构、产品形态和流通、采收与上市等都由人的干预和控制。二是物资和资金投入大,设施农业是集约化程度非常高的现代农业生产方式,自然要求有大量物质能量的投入。三是具有生态、经济的双重性,属于典型的生态经济系统。四是地域差异性显著。

从长远看设施农业,一是提高了农产品品质要求。农业由数量型向质量型提高,解决大宗产品结构性剩余矛盾,加快农业产业升级换代依靠设施农业已成必然措施之一。二是发展现代农业要求,发展高效农业对农业生产管理提出更高要求,农业生产各个环节都要采用现代化手段,实施科学管理,规模集约经营,提高农业设施化、标准化是现代农业重要内涵。三是出口市场需要。设施农业是废除技术壁垒,绿色壁垒重要技术手段。四是保护环境,持续发展的需要。

(二)我国设施农业的研究重点及发展趋势

1. 我国设施农业中应用的现代工业技术

(1)机械技术。育苗播种机械、耕作收获机械、灌溉施肥植保机械、传感执行机械、加温通风设备、预冷储藏设备、包装分级机械、运输机械、基质消毒设备等。

(2)工程技术。建筑结构工程、材料工程(包括温室骨架材料、覆盖材料、工程塑料)和节水、节能工程等。

(3)计算机与自动控制技术。光、温、水、肥、气等因子的自动监控,作业机械的自动化控制等。

(4)信息技术。以产品、市场、技术和市场等为主要内容的网络化管理、模式化运行、远程服务等。

(5)生物技术。生物制剂、生物农药、生物肥料等专用生产资料的制备与生产。

2. 我国设施农业研究重点方向

(1)适宜于不同地区、不同生态类型的新型系列温室及相关设施的研究开发,提高我国自主创新能力和设施环境的自动化控制技术水平。

(2)设施配套技术与装备的研究开发,包括温室用新材料、小型农机具和温室传动机构、自动控制系统等关键配套产品,提高机械化作业水平和劳动生产率。

(3)温室资源高效利用技术研究开发,如节水节肥技术、增温降温节能技术、补光技术、隔热保温技术等,降低消耗,提高资源利用率。

(4)采后加工处理技术研究开发,包括采后清洗、分级、预冷、加工、包装、储藏、运输等过程的工艺技术及配套设施、装备等,提高产品附加值和国际市场竞争力。

(5)设施栽培高产优质并具有自主知识产权的创新品种选育研究,改变我国设施园艺主栽品种长期依赖国外进口的局面。

(6)设施农业高产优质栽培技术和不同品种、不同生态类型模式化栽培技术研究以及生产安全技术研究,如绿色产品生产技术、环境控制与污染治理技术、土壤和水资源保护技术等。

(7)温室设施与设施农业产品生产标准化研究,包括温室及配套设施性能、结构、设计、安装、建设、使用标准;设施栽培工艺与生产技术规程标准;产品质量与监测技术标准等。

3. 我国设施农业发展趋势

(1)大型园艺设施的比重明显加大,其原因主要是随着设施园艺的迅速发展,设施蔬菜等超时令、反季节园艺产品的季节差价明显缩小,小型设施的单位面积产出率低、比较效益下滑,收益显著低于大型设施,加上作业不便,劳作强度大,逐步富裕起来的农民也需要改善劳动条件。

(2)节能日光温室发展迅猛,加温温室发展缓慢,普通日光温室面积的比重由 70% 下降到 34%;节能日光温室则从无到有,在温室面积中的比重猛增至 61%。

(3)以遮阳网覆盖栽培为主的夏季设施园艺快速发展,20世纪80年代后期,国产耐候塑料遮阳网试制成功,首先在蔬菜生产上进行应用研究和示范推广,并迅速在花卉和茶叶生产上推广应用。

(4)现代化连栋温室发展加速,20世纪70年代末至80年代初,我国从日本、欧美引进的现代化连栋温室,由于使用效果普遍不佳,引进和发展现代化连栋温室开始降温。进入21世纪以后,特别是 2003 年以来,随着创办农业科技示范园区的工作得到各级领导的高度重视,各地发展现代化连栋温室急剧升温,相继大量引进发达国家的现代化连栋温室,同时也带动了国产现代化连栋温室制造业的发展。

(5)优质高产栽培和无公害生产技术体系开发取得可喜进展,80 年代初,我国山西太原曾创造出塑料大棚番茄持续高产的经验,随后河北、山东等地也涌现了一批日光温室蔬菜高产典型。从设施大棚中生产出的无公害、绿色、有机农产品的比例也在逐步增加。

(三)设施农业的类型

目前我国设施农业的种类很多,形式各异,一般分为塑料大棚、小拱棚(遮阳棚)、日光温室、玻璃/PC 板连栋温室(塑料连栋温室)、植物工厂等。

1. 小拱棚

小拱棚(遮阳棚)的特点是制作简单,投资少,作业方便,管理非常省事。其缺点是不宜使用各种装备设施,并且劳动强度大,抗灾能力差,增产效果不显著。主要用于种植蔬菜、瓜果和食用菌等。

2. 塑料大棚

是我国北方地区传统的温室,农户易于接受,塑料大棚以其内部结构用料不同,分为竹木结构、全竹结构、钢竹混合结构、钢管(焊接)结构、钢管装配结构以及水泥结构等。总体来说,塑料大棚造价比日光温室要低,安装拆卸简便,通风透光效果好,使用年限较长,主要用于果蔬瓜类的栽培和种植。其缺点是棚内立柱过多,不宜进行机械化操作,防灾能力弱,一般不用于越冬生产。

3. 日光温室

日光温室有采光性和保温性能好、取材方便、造价适中、节能效果明显,适合小型机械作业的优点。天津市推广新型节能日光温室,其采光、保温及蓄热性能很好,便于机械作业,其缺点在于环境的调控能力和抗御自然灾害的能力较差,主要种植蔬菜、瓜果及花卉等。青海省比较普遍的多为日光节能温室,辽宁省也将发展日光温室作为该省设施农业的重要类型,甘肃、新疆、山西和山东日光温室分布比较广泛。

4. 连栋温室

有玻璃/PC 板连栋温室和塑料连栋温室两类。

玻璃/PC 板连栋温室,该温室具有自动化、智能化、机械化程度高的特点,温室内部具备保温、光照、通风和喷灌设施,可进行立体种植,属于现代化大型温室。其优点在于采光时间长,抗风和抗逆能力强,主要制约因素是建造成本过高。福建、浙江、上海等地的玻璃/PC 板连栋温室在防抗台风等自然灾害方面具有很好的示范作用。塑料连栋温室以钢架结构为主,主要用于种植蔬菜、瓜果和普通花卉等。其优点是使用寿命长,稳定性好,具有防雨、抗风等功能,自动化程度高;其缺点与玻璃/PC 板连栋温室相似,一次性投资大,对技术和管理水平要求高。一般作为玻璃/PC 板连栋温室的替代品,更多用于现代设施农业的示范和推广。

5. 植物工厂

植物工厂是继温室栽培之后发展的一种高度专业化、现代化的设施农业。它与温室生产的不同点在于完全摆脱大田生产条件下自然条件和气候的制约,应用现代化先进技术设备,完全由人工控制环境条件,全年均衡供应农产品。目前,高效益的植物工厂在某些发达国家发展迅速,已经实现了工厂化生产蔬菜、食用菌和名贵花木等。美国现在正在研究利用"植物工厂"种植小麦、水稻,以及进行植物组织培养和脱毒、快繁。据报道,日本已有企业投资兴建了面积为 1 500 平方米的植物工厂,并安装有农用机器人,从播种、培育到收获实现了电气化。由于这种植物工厂的作物生长环境不受外界气候等条件影响,蔬菜种苗移栽 2 周后,即可收获,全年收获产品 20 茬以上,蔬菜一般平均年产量是露地栽培的数十倍,是温室栽培的 10 倍以上。荷兰、美国采用工厂化生产蘑菇,每年可栽培 6.5 个周期,每周期只需 20 天,产蘑菇每平方米 25.27 千克。目前,世界上约有 28 个植物工厂。

四、标准化农业

(一)标准化农业的概念

标准化农业是以农业为对象的标准化活动,即运用"统一、简化、协调、选优"原则,通过制定和实施标准,把农业产前、产中、产后各个环节纳入标准生产和标准管理的轨道。农业标准化是农业现代化建设的一项重要内容,它通过把先进的科学技术和成熟的经验组装成农业标准,推广应用到农业生产和经营活动中,把科技成果转化为现实的生产力,从而取得经济、社会和生态的最佳效益,达到高产、优质、高效的目的。农业标准化的内容十分广泛,主要有以下 7 项:农业基础标准、种子种苗标准、产品标准、方法标准、环境保护标准、卫生标准、农业工程和工程构件标准、管理标准等。

(二)标准化农业特征

我国于 2001 年启动"无公害食品行动计划",2002 年全国各地高度重视农业标准化体系建设,并加以推广实施,这标志着我国农业标准化生产迈上了一个新的台阶。

1. 以标准需求为动因

要为人类提供标准农产品,无疑必须发展标准农业,以满足人们对标准农产品的需求。一是健康需求,即人们对农产品的标准需求应满足人们的健康需要,农产品各种物质的含量应与人们的健康需要相一致。二是多维需求,即人们对农产品的标准需求应满足人们的多维需求,也即不仅仅局限于营养和品尝需求,而且还包括卫生和审美需求。三是水平需求,即人们对农产品的标准需求总是随着人们生活水平的提高特别是生活质量水平的提高而提高。

2. 以标准产品为目标

标准农产品一般应具备4种统一标准:一是营养标准。人类要健康,这些营养素的数量必须能满足人体的要求,每一种农产品都包含若干种营养素,标准农产品所包含的各种营养素含量都必须达到统一的标准。二是品尝标准。即标准农业生产的农产品必须满足人们的品尝需要,符合人们的品感要求。三是卫生标准。即标准农业生产的农产品必须能满足人们健康需要,符合人们的健康要求,特别是有害物质含量绝对不能超标。四是审美标准。即标准农业生产的农产品还必须能满足人们的审美需要,符合人们的审美要求,产品外观要有美感,且同种产品外观要一致。

3. 以标准理念为指导

要发展标准农业、生产标准产品,必须树立农业标准化理念,以标准文化为向导,形成标准的思维方式,培育标准的行为方式,追求标准的农业事业。确切地讲,标准农业文化指的是在标准农业的产生、形成和发展的过程中,通过农业标准的制定、农业生产质量环境的营造、农业标准技术的研制、农业质量标准的监测、农业标准生产的管理,而形成的一种产业文化。标准思维方式指的是从农业标准化的角度去思考问题、认识问题、判断问题、审定问题。标准行为方式指的是在农业生产的过程中,自始至终、各个环节都围绕农业标准来进行。标准农业事业则是指通过农业标准的制定、农业生产质量环境的营造、农业标准技术的研制、农业质量标准的监测、农业标准生产的管理,生产标准农产品的过程。

4. 以标准文件为依据

标准文件包括如下 4 种:一是农产品质量标准。应包含农产品的营养、品尝、卫生和审美标准等内容。二是农业生产技术过程规程标准。应包含产地选择、备耕、规格、栽植、施肥、灌水、防治病虫害、收获等标准内容。三是农业投入品质量标准。应包括农业投入品的品种、规格、主要要素含量、有害物质残留量、用途和使用方法等标准内容。四是农业生产环境质量标准。应包含土壤肥力水平、水质、有毒物质限量、农田基本建设水平、空气、周围环境等标准内容。

5. 以标准环境为条件

环境标准应包括如下 3 个方面的内容:一是生态环境。产地周围的环境应达到良性循环的要求,不但植被状态好、水土保持好,而且植被之间、植被与水土之间、周围植被与产地之间形成互促互补的生物链。二是安全环境。即产地及其周围环境的有害物质,特别是土壤、水和空气中的有害物质含量应低于限量水平,不影响人体健康,符合生活质量水平日益提高的人们对安全质量的要求。三是地力环境。即产地土壤肥力水平达到高产稳产地力水平,即产地土壤的有机质、氮、磷、钾及其他微量元素含量丰富,比例协调,能满足高产优质作物生长发育的基本要求。

6. 以标准技术为手段

标准技术包含 3 个方面:一是农业生产环境质量控制技术。这一技术应以农业生产环境质量标准为依据,围绕标准农产品对农业生产环境的生态、安全、地力要求,通过植被营造、水土保持等生态措施,通过开挖环山沟、排除有害物质等安全措施和广辟肥源、用地养地等养地措施,使农业生产环境质量达到生产标准农产品的要求。二是农业投入品质量控制技术。农业投入品包括肥料、农药、激素、农膜等。这一技术也应以农业投入品质量标准为依据,环绕标准农产品对农业投入品的要求,通过对农业投入品生产原料的选择、把关,通过对农业投入品生产技术的运作和方法的操作,使农业投入品质量达到生产标准农产品的要求。三是农业生产过程质量控制技术。这一技术同样应以农业生产过程规程质量标准为依据,围绕标准农产品对农业生产过程规程的要求,通过园地选择、规划、备耕、种植规格、栽植、施肥、灌水、防治病虫害、盖膜、收获等技术的标准使用,使农业生产过程质量达到生产标准农产品的要求。

7. 以标准监测为约束

标准监测包含 3 方面的内容:一是农业生产环境质量监测,即监测农业生产环境之生态因素、安全因素和地力因素是否达到标准文件所要求、规定的质量水平。二是农业投入品质量监测,即监测肥料、农药、激素和农膜等农业投入品之主要理化指标是否达到标准文件的要求、规定的质量水平。三是农产品质量监测。即监测农产品之营养、品尝、卫生和审美要素是否达到标准文件所要求、所规定的标准水平。

8. 以标准管理为保障

标准管理包含如下内容:一是产地认定和产品认证体系。即国家必须建立权威的安全优质农产品的产地认定和产品认证机构。二是市场准入机制体系。即根据农产品分布和密集情况,设置相应的农产品安全质量监督机构,对农产品进行安全检查,符合安全质量要求的发给市场准入证,允许进入市场,进入消费,否则予以拒绝,以维护消费者权益。三是品牌安全优质农产品评审体系。即建立国家授权、认可的品牌安全优质农产品评审机构,建立系统、规范、有序、理性的品牌安全优质农产品评审机制,定期对农产品进行评审,对荣获品牌安全优质农产品称号的,授予荣誉证书,以促进安全优质农产品向品牌的方向发展,提高品牌安全优质农产品的知名度和市场竞争力。四是对假冒伪劣农产品打击、制裁体系。即加强执法队伍的建设,以标准文件为依据,以安全优质农产品认证证书及其使用标志为凭证,以农业标准有关法律、法规为手段,开展对假、冒、伪、劣农产品的打击、制裁,以维护安全优质农产品的正常生产和市场营销。五是法律、法规体系。即以宪法为指导,根据我国的实际,制定一部关于农业标准化或标准农业的法律或法规,使农业标准化工作、标准农业生产纳入法律的轨道,并能够在法律的约束下有序、理性、规范、健康地向前发展。六是组织机构体系。即从中央到地方,建立、健全农业标准化工作机构,设置专门岗位,配备专门人员,装备专门设备,编制农业标准化工作专门路线图,使用农业标准化专门资料,执行农业标准化工作专门操作程序,以标准的组织机构,通过标准的工作,确保农业标准化工作有序、理性、规范、健康地向前发展。

五、精准农业

(一)精准农业的概念

精准农业是当今世界农业发展的新潮流,是由信息技术支持的根据空间变异,定位、定时、定量地实施一整套现代化农事操作技术与管理的系统,其基本涵义是根据作物生长的土壤性状,调节对作物的投入,即一方面查清田块内部的土壤性状与生产力空间变异,另一方面确定农作物的生产目标,进行定位的"系统诊断、优化配方、技术组装、科学管理",调动土壤生产力,以最少的或最节省的投入达到同等收入或更高的收入,并改善环境,高效地利用各类农业资源,取得经济效益和环境效益。

(二)精准农业的特点

精准农业是在现代信息技术、生物技术、工程技术等一系列高新技术最新成就的基础上,发展起来的一种重要的现代农业生产形式,其核心技术是地理信息系统、全球定位系统、遥感技术和计算机自动控制技术。

1. 现代信息技术

精准农业从 20 世纪 90 年代开始在发达国家兴起,目前已成为一种普遍趋势,英国、美国、法国、德国等国家纷纷采用先进的生物、化工乃至航天技术使精准农业更加"精准",美国把曾在海湾战争中运用过的卫星定位系统应用于农业,这种技术被称为"精准种植",即通过装有卫星定位系统的装置,在农户地里采集土壤样品,取得的资料通过计算机处理,得到不同地块的养分含量,精准度可达 1~3 平方米。技术人员据此制定配方,并输入施肥播种机械的电脑中。这种机械同样装有定位系统,操作人员进行施肥和播种可以完全做到定位、定量。还可将卫星定位系统安装在联合收割机上,并配置相连的电子传感器和计算机,收割机工作时可自动记录每平方米农作物产量、土壤湿度和养分等的精确数据。

2. 现代生物技术

现代生物技术最显著的特点是打破了远缘物种不能杂交的禁区,即用新的生物技术方法开辟一个世界性的新基因库源泉,用新方法把需要的基因组合起来,培育出抗病性更强、产量更高、品质更好、营养更丰富,且生产成本更低的新作物、新品种;另外,还具有节约能源、连续生产、简化生产步骤、缩短生产周期、降低生产成本、减少环境污染等功效。例如,美国把血红蛋白转移到玉米中,不仅保持了玉米的高产性能,而且提高了它的蛋白含量。抗转基因水稻、玉米、土豆、棉花和南瓜等已在美国、阿根廷、加拿大数百万公顷土地上试种。

微生物农业是以微生物为主体的农业。微生物在合成蛋白质、氨基酸、维生素、各种酶方面的能力比动物、植物高上百倍;微生物还可利用有机废弃物,变废为宝、保护生态环境。利用有益微生物,不仅可获得大量生物量,用于制作食用蛋白质以及脂肪、糖类等专门食品,而且在生物防治、土壤改良方面也有突出表现。

3. 现代工程装备技术

现代工程装备技术是精准农业技术体系的重要组成部分,是精准农业的"硬件",其核心技术是"机电一体化技术"。在现代精准农业中,现代工程装备技术可以应用于农作物播种、施肥、灌溉和收获等各个环节。

精准播种就是将精准种子工程与精准播种技术有机结合,要求精准播种机播种均匀、精量播种、播深一致。精准播种技术既可节约大量优质种子,又可使作物在田间获得最佳分布,为作物的生长和发育创造最佳环境,从而大大提高作物对营养和太阳能的利用率。

精准施肥是能根据不同地区、不同土壤类型以及土壤中各种养分的盈亏情况,作物类别和产量水平,将氮、磷、钾和多种可促进作物生长的微量元素与有机肥加以科学配方,从而做到有目的地施肥,既可减少因过量施肥千万的环境污染和农产品质量下降,又可降低成本。要求有科学合理的施肥方式和具有自动控制的精准施肥机械。

精准灌溉是指在自动监测控制条件下的精准灌溉工程技术,如喷灌、滴灌、微灌和渗灌等,根据不同作物不同生育期间土壤墒情和作物需水量,实施实时精量灌溉,可大大节约水资源,提高水资源有效利用率。

精准收获则是利用精准收获机械做到颗粒归仓,同时,还可以根据事先设定的标准准确地将产品分级。

六、信息化农业

(一)信息化农业的概念

信息化农业就是集知识、信息、智能、技术、加工和销售等生产经营要素为一体的开放式、高效化的农业。其核心是农业信息化。从计算机用于农业的时候算起,现在已经发展到了包括信息存储和处理、通讯、网络、自动控制及人工智能、多媒体、遥感、地理信息系统、全球定位系统等阶段,出现了"智能农业""精准农业""虚拟农业"等高新农业技术。

农业信息化是指信息及知识越来越成为农业生产活动的基本资源和发展动力,信息和技术咨询服务业越来越成为整个农业结构的基础产业,以及信息和智力活动对农业增长的贡献越来越大的过程。

伴随经济全球化和信息全球化的到来,信息化技术已渗透到各个行业、各个领域,有力地促进了全球经济与社会的发展。西方国家的农业已发展到信息化阶段,欧美国家农业信息已经全面实现了网络化、全程化和综合化,农业信息技术已进入产业化发展阶段。从国内来看,我国农业信息化起步于 20 世纪 80 年代,发展于 90 年代,1994 年我国开始启动"金农工程",其目的是加速和推进农村和农业信息化,建立"农业综合管理和服务系统"。在"十五"期间,我国"金农工程"和农业信息化重点项目包括"农村市场信息服务行动计划工程""农业智能化信息管理与服务工程""农业卫星定位系统(GPS)、农业遥感信息系统(RS)、地理信息系统(GIS)"农业 3S 应用工程。到目前为止,我国已形成以农业部为中心,连接 31 个省、自治区、直辖市农业厅的信息网络平台,全国 90% 以上的市、县农牧局都建立了信息服务机构,绝大多数还建立了局域网。

(二)信息化农业案例——欧盟农业信息化服务模式

1. 欧盟的农业信息服务

欧盟官方农业信息服务机构主要有欧洲统计局、欧盟农业委员会、农场会计网委员会和农业理事会。

(1)欧盟农业信息收集机构欧洲统计局和农场会计网委员

会负责欧盟农业信息收集和标准化处理。在欧盟各成员国设联络处收集农业信息,其设计的调查问卷非常标准,便于成员国之间比较。联络处在收集农业数据时,经常与当地农业科研机构合作。联络处可能亲自拜访样本农户汇集信息,也可能把调研任务发包给当地会计事务所、大学、农业协会或其他机构。

(2)欧盟农业信息发布机构农业理事会是欧盟主要的信息发布机构,其发布各类农业信息的程序为:分析农业数据→撰写报告草稿→欧委会农业委员会审议通过→欧委会许可发布农业信息(以电子、传统出版物或新闻发布会的形式)。

农业理事会主要信息服务项目有政策报告、新闻发布、农产品市场形势和预测、农产品市场价格公报、农业统计信息和研究报告。欧盟每年提供 4 份农产品市场价格季度报告和 1 份年终综合报告,这些报告均以英国、法国、德国、意大利等 6 国语言撰写。

2. 欧盟农业信息的主要使用者

欧盟政府和农产品生产经营者(农场主、农产品加工企业等)都是欧盟农业信息的主要使用者,但在这两者中又以政府使用为主,政府通过分析各类农业数据制定农业政策和法令,并对市场进行宏观调控。除政府外,欧盟农产品生产经营者也是农业信息的主要利用者之一,这些农场主和企业家主要通过订阅农业期刊、报纸和利用因特网获取信息。

3. 欧盟农业信息服务渠道

欧盟许多知名农业杂志都有自己的网站,如英国最受欢迎的杂志《农场主周报》的域名为 http://www.fwi.co.uk。

欧盟农业信息服务网站提供的服务类型主要有:①农产品市场价格走势,如农业在线(http://www.agCentralOnline.com)以提供市场价格走势为主。②气象预报服务,代表性网站 http://www.defra.gov.uk。③科技信息,如家畜改进公司网站

（http://www.lic.co.nzAndex.html）提供最新的新西兰奶牛基因工程、人工繁殖、牛群测定、饲养管理等方面的信息。④专家在线咨询，如 http://directag.com/di-rectag/expert 提供农艺学家、牲畜养殖顾问和奶牛专家与农户在线交互式服务。⑤提供各类农产品生产经营和管理工具，如 http://www.AgrNet.ie 为农业生产者提供各类农产品经营管理软件和各类表格；http://www.foi.CO.uk/live/markets/ml-cfront.html 为牛肉经营者提供牛肉收益率计算软件等。

第三章　新型农业经营主体

第一节　新型农业经营主体的类型

农民要致富,关键在思路。家庭农场、农民合作社、龙头企业和专业大户,都是职业农民奔小康的新出路。

随着农村劳动力大量向城镇转移,谁来种地的问题凸显。通过培育新型农业生产经营主体,形成规模化、专业化、集约化和市场化的现代农业生产经营方式,是解决农村劳动力不足和土地撂荒的根本出路,同时,也为职业农民如何开展农业生产经营提供了更多的选择。

2014 年中央一号文件中对新型农业经营主体的界定有三句话:一是鼓励发展专业合作、股份合作等多种形式的农民合作社;二是按照自愿原则开展家庭农场登记;三是鼓励发展混合所有制农业产业化龙头企业。具体来讲,农业经营主体主要有以下几种类型。

一、新型职业农民

【案例】

从农民身份向职业农民的转变[①]

现年 50 岁的胡建新是湖北省荆州市公安县闸口镇榨岭新

---

① 摘自 2014 年 1 月 22 日《农民日报》08 版

村村民,1981 年高中毕业后回乡务农。2009 年,胡建新流转了村里 720 亩农田,加上自己原有的承包地,种植面积达到了762 亩。他先后投入 60 多万元添置灌溉设备,对土地进行平整,开挖沟渠,改善基本生产条件。

胡建新的飞跃主要得益于职业农民培训工程。2012 年,公安县被确定为全国新型职业农民培育试点县后,该县农业局把胡建新纳入重点培育对象,在科技培训、技术指导、新品种、新技术、新模式等方面加大扶持力度。该县利用"阳光工程"职业技能培训、专项技术培训资金对他进行农业科学技术知识培训;通过各项优农、惠农政策扶持,帮他筹措了 20 多万元资金对土地进行改良。县农业局技术人员随叫随到,亲自上门服务,帮助胡建新从选用优质品种从事种植、进行生产技术指导和病虫害防治,到帮助他与当地大型粮食加工企业签订订单收购协议,彻底为他解决了粮食生产和销售中面临的问题。2013 年,胡建新的农田全年种植养殖纯收入达 74.84 万元。

胡建新靠种粮发了家,也带动了乡亲共同致富。几年来,他通过"传、帮、带"的方式,手把手地给村民传授技术,带出了20 多个种田大户。在他的带动帮扶下,榨岭新村涌现出一批种粮能手。

胡建新成功地在农业经营中发家致富,还带动了乡亲们走上共同富裕的路子。他的成功不是偶然的,也不仅仅是靠吃苦流汗。在政府相关部门的辅导下,他从一个普通的农民成为了懂政策、有技术、会管理、熟市场的职业农民。

党的十八大报告指出,解决好农业农村农民问题是全党工作重中之重,要坚持工业反哺农业、城市支持农村和多予少取放活方针,加大强农惠农富农政策力度,让广大农民平等参与现代化进程、共同分享现代化成果。2014 中央一号文件提出,要加大对新型职业农民和新型农业经营主体领办人的教育培训力度。近几年来,对职业农民的培育越来越受到社会各界的重视,农业部提出了三年内培养 100 万职业农民的新目标。

（一）职业农民的出现

长期以来,我国实行二元结构户籍制度,出现了"农业户口"与"非农业户口"这种户籍制度,农业户口就成了农民身份的标志,即便你在外从事非农业工作数十年只要身份没有变更,社会仍然会认为你是农民。所以户口成为界定农民与非农民的不可逾越的铁丝网。如今,随着农业产业化和新型城镇化的不断推进,农民这个词的含义也开始发生了变化。农民已经不再是身份的标志,而逐渐成为农业产业从业人员的一种类别,即一种职业。

什么是职业农民?

职业农民是指具有科学文化素质、掌握现代农业生产技能、具备一定经营管理能力,以农业生产、经营或服务作为主要职业,以农业收入作为主要生活来源,居住在农村或集镇的农业从业人员。

农业是一种最古老的职业,它是早期人类社会生存的基本职业之一。人类存活就必须需要食物,光狩猎是无法满足生存需要的,因此人类发展很大程度上是由农业这个古老的职业来决定的。自从人类进入了阶级社会以后,随着职业分工和等级制度实施,特别是进入了工业化发展之后,农民的地位随着农业产业比重的下降不那么重要了,社会地位也不那么受人重视了,人们的观念中轻农的意识越来越普遍了。这些不正确的认识和观念,在我们国家由于二元结构的户籍制度而更加严重。

改革开放 30 多年来,中国经济最大的变化之一就是农业、农村的变化,种地的职业化要求越来越明显。联产承包责任制极大地激发了农民的生产热情,改变了中国农业面貌。但是,由于家庭经营土地规模狭小,农业的效益越来越难以养活数以亿计的农民,大量的农民转移到城市,一部分土地向种田大户集中,目前又开始向合作社集中。城市市场的需求对农业的影响也越来越大,地越来越不好种,很多农民辛辛苦苦一年下来,那点收入还抵不了生产的投入。所以,传统的那种面朝黄土背朝天的辛苦付出"不行了",还要了解农业大方向、大趋势等更多知识,手上的老茧已经"拼不过"嘴上的名词了。这说明,中国的农民也真正到了职业化的转变阶段。职业农民,或者说职业的种地人群体呼之欲出。

(二)新型职业农民培育政策

政府对职业农民的培育高度重视。2005 年,农业部在《关于实施农村实用人才培养"百万中专生计划"的意见》中首次提出培养职业农民。2006 年年初,农业部进一步提出招收 10 万名具有初中以上文化程度,从事农业生产、经营、服务以及农村经济社会发展等领域的职业农民,把他们培养成有文化、懂技术、会经营的农村专业人才。2007 年 1 月,《中共中央国务院关于积极发展现代农业扎实推进社会主义新农村建设的若干意见》首次正式提出培养"有文化、懂技术、会经营"的新型农民。2007 年 10 月,新型农民的培养问题写进党的"十七大"报告。尽管提法不同,其实职业农民、新型农民提出其目的都是一致的,既有区别,也有联系。那就是希望能够通过政府推动、产业吸引、农民转型,逐步把中国的农业从业者培养成为从事农业生产和经营,以获取商业利润为目的的职业群体。

(三)职业农民与传统农民最大的区别是什么

我们认为,最大的区别在于传统的农民种地只知道如何把地种好,而今天的农民不能仅仅是把地种好,最重要的是把地里的产品卖好,求得一个好收成。按照收成的需求种地,是职业农民最重要的专业素养。这也就是为什么现在很多农民感叹自己突然不会种地的道理。所以,传统农民向专业农民转变必须做到从面向黄土到面向市场。

今天的农民不能仅仅是把地种好,最重要的是把地里的产品卖好,求得一个好收成。按照收成的需求种地,是职业农民最重要的专业素养。

面向市场的转变,对传统的农民来说可能是非常困难的,因为,从整体情况看,农民对市场的不适应还非常的明显。

(四)新型职业农民的分类

按照农业部的规划,培育新型职业农民,主要分为三类(表3-1)。

表3-1　新型职业农民的分类

类型	基本要求
生产型职业农民	要掌握一定的农业生产技术,有较丰富的农业生产经验,直接从事园艺、鲜活食品、经济作物、创汇农业等附加值较高的农业生产活动
服务型职业农民	要掌握一定农业服务技能,并服务于农业产前、产中和产后各种社会化服务活动
经营型职业农民	要有一定资金或技术,掌握农业生产技术,有较强的农业生产经营管理经验,主要从事农业生产的经营管理工作

(五)新型职业农民应具备的基本能力

新型职业农民是现代农业从业者。培训职业农民,就要深入研究现代农业特别是现代农业产业发展的要求,按照专业化、集约化、规模化的现代农业生产经营要求和家庭农场的经营管理模式,把现代经营理念和核心生产技术培训结合起来,把生产过程管理和市场营销策略结合起来,把家庭经营水平和合作社经营管理结合起来,把提高收入能力和创业能力结合起来,把政策法律运用和公共关系协调结合,以熟练掌握职业技能和提升经营能力为基本目标。不同类型的职业农民应该有不同的培训要求,知识结构和技能结构都是不一样的。不过,对于职业农民来说,首先是要把握最基本的素质要求。我们认为,合格的职业农民一定要具备以下基本的能力。

1. 政策解读能力

政府十分重视"三农"问题,每年都会围绕"三农"问题出台系列优惠政策。这些政策的核心就是为农民创造良好的外部发展环境。政策的涉及面通常会涵盖"三农"问题的方方面面。有的政策可能会给农民带来直接的利益,有的政策可能会帮助农民得到更多的资源,有的政策可能会使农民得到更多的协助,有的政策则可能让农民避免损失。所以经营农业,必须了解和运用各种有利的政策。

2. 客户需求理念

今天的农业,早已经是市场化程度很高的产业,不能仅仅埋头种地,必须了解现在种地是为客户服务,而不仅仅是为了自己卖点农产品。只有符合客户的需求,种地的结果才可能是理想的。现在对农产品的需求已经从量到质,发生了根本的变化,安全、健康、新奇、独特、有机,甚至观感、休闲等都是客户的需求点,中国的和外国的客户之间可能还有很多文化上的差异。以客户需求为导向,这应该是新型职业农民与传统农民之间最大的思想差别。也只有把客户的需求理念植根于头脑中,才有做一个合格职业农民的基础。

3. 技术学习能力

科学技术在农业中的应用越来越广泛,今天经营农业要真正满足客户的需要,技术是非常重要的要素。例如,要满足客户的有机需求,就必须掌握有机种植技术;要满足客户的口感要求,就要在种植过程中调整水、肥、阳光以及其他种植方式,以使产品保持特定的味道;要满足客户猎奇的需求,就要不断学习新的种植技术和方法,或者引入新的品种,或者得出新的效果。总之,不同的种植项目会有不同的技术。农业是一种养护生命的产业,其技术的复杂程度既依赖于标准化的技术推广,也要依赖种植者不断地总结提升。所以,职业农民不仅仅是学习 1 ~ 2 门技术,重要的是有较强的技术学习能力,能够不断吸收新的技术方法,不断提升自己的种植水平。

4. 信息运用能力

今天的社会已经完全是一个互联网社会。一张看不见的网络把世界连为一体,所以,有本书叫《世界是平的》,在全世界畅销。这个网络加上全球经济一体化,让我们无论处于世界的哪一个角落,无论从事什么产业,都不能脱离信息社会。现代农业不仅已经产业化、集约化,而且已经全球化、信息化。所以,今天作为一个职业农民,真的要胸怀全球,即随时要关注相关的信息,善于利用互联网,了解互联网带来的信息渠道的扩展和商业模式的变革。

5. 创业发展能力

从本质上说,职业农民不是简单地种地,也不是简单地卖农产品,而是在经营农业,或者说经营一个事业,因此他更多的是一个创业者。随着家庭农场制度的完善和农民合作社逐步的普及,职业农民不仅可能是一个农场主,还可能是一个合作社的管理者。所以,创业发展能力是一种综合能力,是以上几乎能力的集大成。对职业农民来说,创业过程可能与城市创业者有很大的不同,除了农业作为一个弱势产业会有一些先天不足以外,更重要的可能还是职业农民在创业路上碰到的困难会更多。农村依然是能人社会,一个职业农民很有可能就是一个村比较有能力的人,天然就要扮演领导者的角色,既要照顾好自己的土地,又要带头示范,还要学会经营管理,几乎样样都要懂。所以,作为一个职业农民,要有战略头脑、市场眼光、核心技术、管理手段,还要有克服困难的毅力和成就事业的恒心。

正如篇首的案例所显示的,农民的职业化,不仅对中国农业的发展有重要的意义,而且对农民自身更有着现实的利益。培育职业农民实际上就是国家促进农民致富的新措施和新政策。

胡建新的成功为广大农民树立了榜样,也为职业农民描绘了美好的前景。

二、专业大户

专业大户是统指那些种植或养殖生产规模明显大于当地传统农户的专业化农户。具体而言表现在某一农业产业收入占50%以上的农户,或者流转了别人的土地达到一定规模,或者养殖业达到一定规模,但区别并不严格。

【案例】

河南南阳对专业大户的规定是:①从事种植业(包括种粮大户、种草大户、种果大户、特色种植大户、苗木大户),种植面积50亩以上。②从事"四荒"开发大户在200亩以上。③从事养殖业大户,养奶牛10头以上,肉牛50头以上,羊200只以上,鸡5 000只以上,猪200头以上。④从事农产品营销大户,年销售额在50万元以上。⑤从事农产品加工大户,资产规模达到50万元以上。

【案例】

重庆市万州区对专业大户分类进行规定,按照种植业、养殖业、加工业和其他四类分别设定条件。如养殖业:实行专人专业化养殖,具备规模养殖所需的基本条件(有房舍、池塘、饲料、饲草资源、技术等),并符合下列条件之一即可。①年饲养奶牛10头以上,肉牛30头以上,山羊50只以上,商品猪出栏100头以上,兔常年饲养量200只以上,年饲养家禽2 000只以上,年饲养蚕10张以上,养鱼5吨以上。②自产农产品年综合销售收入人均1万元以上。又如其他分类的条件有:①服务对象以万州内的农业、农村、农民为主,包括农用生产资料供应、农副产品贩运(不含纯运输业)、农业机械化服务、农业科技信息咨询服务等,年经营收入人均3万元以上。②农村劳务经纪人年输送劳务在100人以上。

三、家庭农场

(一) 什么是家庭农场

家庭农场原是指欧美国家的大规模经营农户。2007年党的十七届三中全会提出在有条件的地方可以发展家庭农场,由此家庭农场成为我国新型农业经营主体的一个重要类型(表3-2)。

表3-2 家庭农场的定义与条件

文件	《农业部关于做好2013年农业农村经济工作的意见》(农发〔2013〕1号)
定义	以家庭成员为主要劳动力,从事农业规模化、集约化、商品化生产经营,并以农业为主要收入来源的新型农业经营主体
条件	①家庭农场经营者应具有农村户籍(即非城镇居民) ②以家庭成员为主要劳动力。即:无常年雇工或常年雇工数量不超过家庭务农人员数量 ③以农业收入为主。即:农业净收入占家庭农场总收益的80%以上 ④经营规模达到一定标准并相对稳定。即:从事粮食作物的,租期或承包期在5年以上的土地经营面积达到50亩(一年两熟制地区)或100亩(一年一熟制地区)以上;从事经济作物、养殖业或种养结合的,应达到当地县级以上农业部门确定的规模标准 ⑤家庭农场经营者应接受过农业技能培训 ⑥家庭农场经营活动有比较完整的财务收支记录 ⑦对其他农户开展农业生产有示范带动作用

由此看出,家庭农场的基本特点是土地经营规模较大、土地流转关系稳定、集约化水平较高、管理水平较高等。和一般专业大户相比,家庭农场在集约化水平、经营管理水平、生产经营稳定性等方面做了进一步的要求。专业大户和家庭农场仍然属于家庭经营。

(二) 经营家庭农场有什么好处

①家庭农场整合应用了先进的农业科技、良种、良法、农机作业,示范推广了农业高新科技,节约了生产成本。

②家庭农场参加了农业保险,增强了抵御自然灾害的能力。它得到政府扶持资金,能不断扩大种养殖规模,提高经济效益,增加示范效应。

③家庭农场按有机农业标准化技术生产,应用安全放心农资,生产出的农产品有机、环保,吃得放心,有订单,不愁销路,种出的农产品能获得很好的经济效益。

④创办人通过租赁获得农民的土地,家庭农场使闲置的土地发挥了最大效益。

⑤家庭农场是现代农业的发展方向,是进一步加快农业发展,示范推广农业新科技,提高科技贡献率的有效途径。

(三)家庭农场的扶持政策有哪些

(1)上海松江区现金补贴:①农资综合直补76元/亩(1亩≈667平方米。全书同);②水稻种植补贴150元/亩;③土地流转费补贴100元/亩,面积以80~200亩为标准;④家庭农场生产管理考核补贴100元/亩,全年分两次考核,根据考核结果确定补贴标准;⑤绿肥种植补贴200元/亩。

物化补贴:①药剂补贴22.5元/亩;②水稻良种补贴常规稻16元/亩、杂交稻25元/亩;③二麦种子补贴小麦35元/亩,大麦35元/亩;④绿肥种子补贴(以实物形式发放)。

(2)吉林延边①对家庭农场贷款贴息;②注册登记的家庭农场可享受到各项国家农业财政补贴政策;③对水田、蔬菜和经济作物种植面积50公顷以上、旱田100公顷以上的家庭农场,扩大到一次性享受5台农机购置补贴;④对家庭农场农作物保险给予补贴;⑤加大资金支持力度;⑥实施税收优惠政策;⑦家庭农场经营者可以使用集体土地建设生产经营用临时建筑物。

(3)武汉当一个家庭农场主可获财政补贴4万元,采用先建后补形式发放。

(四)如何经营家庭农场

要成为一个合格的农场主,不仅要有资金,还要懂技术,以及具备与众不同的经营思路。

一是要找准特色定位，针对当地的农业资源，选择最适合自己发展的种植业或者畜牧业，当地政府也应做好相应的服务工作，帮助农民找准定位。

二是管理者要找"内行"，无论是家庭成员，还是请人帮工，都要让专业的人来做事，一个对农业一窍不通的城里人是不可能搞好农场的。

三是要熟悉市场运作，事先就要搭建好销售渠道，避免"菜贱伤农"。

四是要舍得投入基础设施，事先要有谋划，对于水利、电力、沟渠等设施要有规划，最好做一份计划书。

五是要充分利用好农业政策。最新的中央一号文件称，要增加农业补贴资金规模，新增补贴要向主产区和优势产区集中，向专业大户、家庭农场、农民合作社等新型生产经营主体倾斜。

第二节　新型农业经营体系的建立

党的"十八大"报告明确指出，要加快发展现代农业，着力促进农民幸福的实现，坚持和完善农村基本经营制度，构建集约化、专业化、组织化、社会化相结合的新型农业经营体系，加快完善城乡发展一体化体制机制。这为当前和今后相当长时期农业农村工作指明了方向。

在"十八大"描绘的全面建成小康社会的壮丽前景中，无论是从保障供给看还是从扩大内需看，无论是从经济总量增长看还是从人均收入增加看，无论是从经济发展看还是从"五位一体"发展全局看，我国经济社会发展对农业农村的要求都会越来越高。加快构建新型农业经营体系，是坚定不移走中国特色农业现代化道路的战略性选择。

一、构建新型农业经营体系是时代课题和战略任务

21世纪以来,随着城镇化步伐不断加快,城乡人口结构、就业结构、社会结构深刻调整,我国农业发展到了从传统农业向现代农业加快转型的新阶段,农业发展方式到了由传统小农生产向新型农业经营体系加快转变的新阶段,以农业大户、农民专业合作社和农业龙头企业为代表的新型农业经营主体已经展现了勃勃生机与巨大活力。

展望未来,我国农业发展环境在内部约束、外部影响相互作用的新阶段,新型工农、城乡关系加快形成,农业生产经营方式加快从单一农户、种养为主、手工劳动为主向主体多元、领域拓宽、广泛采用农业机械和现代科技转变,构建新型农业经营体系已经成为现代化进程中必须完成的时代课题和重大战略任务。

加快构建新型农业经营体系,是实现"四化同步"的必然要求。党的"十八大"报告提出要促进工业化、信息化、城镇化、农业现代化同步发展。目前,我国工业化、信息化、城镇化发展势头强劲,而农业现代化发展则相对滞后,是"四化"中最明显的短板,成为影响经济社会长期均衡稳定发展最突出的隐忧。因此,必须加快发展现代农业,使农业现代化水平尽快与工业化、信息化、城镇化处于同一发展阶段和发展平台。加快构建新型农业经营体系,既可以强化工业化、信息化、城镇化对农业的反哺带动作用,利用工业实力、信息畅通和城镇繁荣带动农业农村快速发展,也有助于保障农产品有效供给、保持农产品价格稳定,为国民经济平稳健康运行奠定基础,使农业现代化对工业化、信息化、城镇化的支撑更为坚实。

加快构建新型农业经营体系,是发展现代农业的重大任务。当前,我国耕地、淡水资源不断减少,农业劳动力素质结构性下降,在工业化城镇化背景下,生产要素也出现了加速向城市流动的态势,而农产品需求则持续刚性增长。因此,必须立足我们的

国情、农情和现代化的发展阶段、发展水平,坚定不移地走中国特色农业现代化道路,切实优化农业资源配置方式,大力提高农业资源配置效率,着力推进现代农业发展。这就要求我们在坚持农村基本经营制度的基础上,发展适度规模经营,加快构建农业集约化、专业化、组织化、社会化相结合的新型农业经营体系。一方面高效利用耕地、淡水、劳动力等传统要素,另一方面积极引进资金、管理、技术等先进要素,不断提高农业现代化水平。

加快构建新型农业经营体系,是促进农民增收的重要途径。党的"十八大"报告要求,要着力促进农民增收,保持农民收入持续较快增长,并提出了 2020 年城乡居民收入比 2010 年翻一番的目标。实现这一目标,需要进一步调整国民收入分配关系,拓宽农民收入来源。但加快构建新型农业经营体系,则是保持农民收入稳定增长的基础和重大促进因素。构建新型农业经营体系,可以转变农业发展方式,提高农业组织化程度和规模化水平,延长农业产业链条,拓展农业功能范围,从而提高劳动生产率和土地产出率,增加农民家庭经营收入;有助于将农村剩余劳动力从土地上解放出来,为其到城市从事生产效率更高的职业解除后顾之忧,同时农业产业化龙头企业、农村社会化服务组织创造的大量二、三产业就业机会,能够有力推动农民工资性收入增长;加快构建新型农业经营体系,还能够激活农村房屋、土地等资源要素的内在价值,利用市场化、资本化途径使其产生财产收益,提高农民租金、红利等财产性收入。

二、深刻认识构建新型农业经营体系的丰富内涵

当前,我国正处于全面建成小康社会的关键时期,未来若干年的核心任务是显著缩小贫富差距和城乡差距,使我国经济社会发展实现长期均衡增长。而对农村微观经营体制和微观经济主体进行新的变革则是实现长期均衡增长的基础。党的"十八大"报告提出"坚持和完善农村基本经营制度,构建集约化、专

业化、组织化、社会化相结合的新型农业经营体系",正是对这一发展趋势凝练的概括。

几千年来,中国农业经济以小农经济状态维持着农业立国的形态以及由此产生的文化社会架构。在提出"城乡发展一体化体制机制"的当下,传统意义上的农户单打独斗式的经营根本无法适应市场化的发展需求,农业经营体制上的变革也必将渐进式推进中国农村文化社会组织架构的演变,"集约化、专业化、组织化、社会化"的农业经营体系已经成为推进现代化进程的要求,成为中国特色农业现代化的必然选择。

集约化,就是要改变以往粗放经营的方式,以适度的规模、相对少的投入获得更高的农业产出;专业化,就是要形成必要的农业生产分工体系,以提高农业生产的效率、质量,提高农民收入;组织化,就是要把分散的小农组织起来,构造有规模、有组织、有科学管理的合作形态,以应对日渐激烈的农业市场竞争;社会化,就是要形成农村社会化的生产服务体系和技术支持体系,以改造小农经济,形成新型社会化服务网络。这就要求进一步增强农民的自我组织能力,发展农民间的多种形式合作,促进我国农村社会化服务网络的发育,使我国的"小农"能够转变为有组织的"大农"。近年来发展迅猛的合作社,正是实现上述目标的有效载体。

构建新型农业经营体系,集约化生产是目标,专业化管理、组织化经营、社会化服务是路径和保障;农业集约化是发展现代农业、繁荣农村经济的必由之路;农业专业化是社会分工和市场经济发展的必然结果和重要标志。实现农业集约化,需要提高农业专业化、组织化和社会化服务水平;推进农业专业化,又有赖于组织化和社会化成熟度的支撑;而组织化水平的提高,则不仅对专业化和社会化提出更高要求,也对其发展形成极大助力;社会化不仅是专业化组织化发展的必然要求和成果,也是其重要保障。集约化、专业化、组织化和社会化,是一个相互依存、相辅相成、相得益彰的整体,不可偏废,不可强调一点不及其余,但也不可平均用力。一定要结合各地实际,针对各地发展水平,整体推进,重点突破,共同发展。

三、培育新型经营主体是构建新型农业经营体系的核心

改革开放以来,我国的农业经营主体已由改革初期相对同质性的家庭经营农户占主导的格局向现阶段的多类型经营主体并存的格局转变。这种多类型的农业经营主体主要包括农户、农业企业、农民专业合作组织以及社区性或行业性的服务组织等。

当前,农户仍然是中国农业生产的基本经营单位。但是,随着农业结构的调整、农村产权制度的清晰与完善、农业劳动力的转移和工业化与城市化的加快,农户群体逐渐开始分化,农业经营者分化为传统农户、专业种植与养殖户、经营与服务性农户、半工半农型农户和非农农户等五种主要类型。这是构建新型农业经营体系的基础。

在我国现行的农村基本经营制度框架下,农民专业合作社已经成为双层经营体制中统一经营的主要担当者,是创新农业经营体制机制、加快转变农业经营方式的主要推动者,是提高组织化程度、发展现代农业、推进适度规模经营、提供专业化社会化服务的主要组织者,是提高农业综合生产能力、保障农产品质量安全、增加农民收入的重要载体,是农业先进生产力及与之相适应的农村生产关系的有机结合体。

2007 年《农民专业合作社法》的颁布实施,赋予了专业合作社独立的法人资质和市场主体的地位,极大促进了农民专业合作社的快速发展。最新数据显示,截至 2012 年年底农民专业合作社数量已达 68.9 万家。入社农户达到了 4 800 多万户,约占全国农户总数的 20%。仅 2012 年这一年,就新诞生 16.7 万家。合作社涵盖了粮、棉、油、肉、蛋、奶、茶等主要产品的生产,其中

种植业约占 44.5%, 养殖业达到了 28.2%。

农业产业化龙头企业集成利用资本、技术、人才等生产要素, 带动农户发展专业化、标准化、规模化、集约化生产, 是构建现代农业产业体系的重要主体, 是推进农业产业化经营的关键。到 2011 年年底, 全国各类产业化经营组织达到 28 万多个, 其中龙头企业 11 万多家。各类产业化经营组织带动农户达 1.1 亿户, 辐射带动种植业面积占到全国的 60% 以上, 为促进粮食生产"九连增"、农民增收"九连快"提供了有力支撑。

构建新型农业经营体系, 关键的任务是促进和引领好规模经营农户、龙头企业、农民专业合作组织以及社区性或行业性的服务组织等新型农业经营主体的形成和发展。当前, 构建新型农业经营体系, 需要重点提高农业生产经营组织化程度, 需要大力培育新型农民, 需要积极发展农业经营新型市场主体。这是构建新型农业经营体系的核心。

四、体制机制创新是构建新型农业经营体系的关键

现阶段, 加快新型农业经营主体培育与发展的关键, 应在其发展要求、发展效率、发展力量、发展机制上寻求突破。只有在坚持农村基本经营制度基础上, 完善政府对农业的扶持方式, 加快土地、资本、人才等生产要素配置的市场取向改革, 营造农业创业与就业的良好环境, 建立农业经营者的退出与进入机制, 才能尽快构建新型农业经营体系。

要毫不动摇地坚持农村基本经营制度, 维护农民土地和集体资产权益。农村改革 30 多年来的一条重要历史经验, 就是始终坚持以家庭承包经营为基础、统分结合的双层经营制度, 这是农村的基本经营制度, 是党的农村政策的基石。任何时候, 我们都必须毫不动摇地坚持, 在坚持的基础上完善。当前, 坚持农村基本经营制度, 要坚定不移地维护农民的土地承包权, 任何人都不能剥夺农民的土地财产权利, 要切实提高农民在土地增值中

的收益比例,切实保护农民的集体资产权益。

要不断完善政府扶持农业的方式,提高新型主体发展效率。各级政府的强农惠农富农政策要不断扩大规模、拓宽领域。一方面,需要继续加大对农业基础性、平台性设施等的公共投入和政策扶持的力度,完善农业公共政策和公共投入的绩效考核;另一方面,对特定的农业扶持措施和政策,应尽可能直接下达或落实到新型农业经营主体。此外,应有条件允许基层对政府部门的农业扶持资金和政策进行梳理和整合,提高农业扶持政策的效率。

要发展多种形式的适度规模经营,使土地向新型主体流转。我国幅员广阔,各地农业农村发展状况千差万别,构建和完善新型农业经营体系一定要从实际出发,因地制宜发展多种形式的适度规模经营。要在严格保护耕地特别是基本农田的同时,积极稳妥推进土地流转,要按照依法自愿有偿的原则,采取转包、出租、互换、转让、股份合作等多种方式,使土地向种粮大户、种田能手、家庭农场、农民专业合作社流转。发展规模经营一定要坚持适度和循序渐进的原则,土地流转在一定时期内不可能太快,经营规模也不可能太大,绝不能操之过急,尤其不能搞强迫命令、越俎代庖替农民决策。

要加快要素的市场取向改革,满足新型主体发展要求。党的十八大报告强调,"要促进城乡要素平等交换和公共资源均衡配置,形成以工促农、以城带乡、工农互惠、城乡一体的新型工农、城乡关系。"但当前的城乡要素流动中,人才、资金、土地等发展要素总体上仍然体现出由乡村往城市流动的特点。要加快要素的市场取向改革,创新体制机制促进要素更多向农业农村流动,为新型农业经营主体的发展奠定物质和技术人才基础。

要营造农业创业就业环境,壮大新型主体发展力量。投资农业的企业家、返乡务农的农民工、基层创业的大学生和农村内部的带头人是农村新型农业经营主体的主要来源。要营造农业创业和就业的良好环境,引导和鼓励他们成为新型农业经营主体。由于他们的学历、工作背景以及各自优劣势不尽相同,需要分类指导和提供有针对性的扶持政策。大学生是新型农业经营主体的重要后备力量,应完善大学生农业创业与就业的政策体系,鼓励大学生"村官"在新型农业经营主体中创业和就业,使他们"下得去、干得好、留得住、有发展";尤其要鼓励大学生"村官"在新型农业经营主体中创业和就业,对相关经营主体给予引入大学生工资和社会保障补贴。

要建立农业退出与进入机制,创新新型主体发展机制。建立传统农业经营者的退出机制的前提是坚持农村家庭承包经营制度,坚决维护和发展农民的土地和集体资产权益,这一点必须始终强调,不可动摇。有退出机制就需要重新确定农业进入机制和规则,重点是处理好进入者和退出者的利益关系,进入者资格与能力的认定,进入者之间的公平竞争和择优,进入者经营行为和经营领域的控制。当前要慎重对待工商企业进入农业问题,要引导工商企业规范有序进入现代农业,鼓励工商企业为农户提供产前产中产后服务、投资农业农村基础设施建设,但不提倡工商企业大面积、长时间直接租种农户土地,更要防止企业租地"非粮化"甚至"非农化"倾向。

当前,我国正处在促进工业化、信息化、城镇化和农业现代化同步发展的关键阶段。加快培育新型农业经营主体,构建集约化、专业化、组织化、社会化相结合的新型农业经营体系,有利于补齐农业农村发展的短板,建设城乡发展一体化的美丽中国。党的十八大报告中强调的"新型农业经营体系",既是破解"三农"问题的关键点,也是全面建成小康社会的必由之路。学习贯彻十八大精神,我们要始终高举中国特色社会主义旗帜,始终坚持重中之重不动摇,紧紧围绕农业农村科学发展主题,紧紧抓住转变农业农村发展方式主线,锐意进取,开拓创新,着力构建新型农业经营体系,为实现全面建成小康社会宏伟蓝图、开创中国特色农业现代化新局面而奋力前行。

第三节　农民专业合作社

农民专业合作社作为新型农业经营主体,正在我国广大农村蓬勃发展,成为当前农村改革和经济发展的一个亮点。农民专业合作社作为农民自愿组成的组织,如何办合作社才能更好地为成员提供综合性服务?

《中华人民共和国农民专业合作社法》(以下简称《农民专业合作社法》)2007 年 7 月 1 日实施以来,农民专业合作社迅速发展。到 2014 年 9 月,全国在工商部门登记的农民专业合作社已达 91.1 万家,入社农户 6 838 万户,占全国农户总数的 26.3%。

一、农民专业合作社的性质及作用

(一)民办民管民受益

农民专业合作社是在农村家庭承包经营基础上,同类农产品的生产经营者或者同类农业生产经营服务的提供者、利用者,自愿联合、民主管理的互助性经济组织。以其成员为主要服务对象,提供农业生产资料的购买,农产品的销售、加工、运输、贮藏以及与农业生产经营有关的技术、信息等服务。合作社成员以农民为主体,以为成员服务为宗旨,成员地位平等,实行民主管理,谋求全体成员的共同利益,盈余主要按照成员与农民专业合作社的交易量(额)比例返还。所以,农民专业合作社是"民办民管民受益"。

【经典案例】

北京绿菜园蔬菜专业合作社

北京延庆康庄镇小丰营村很早就有种菜的习惯,因为没有统一组织，大家种菜都是"跟着感觉走"，种什么的都有，怎么种的都有。种菜的规模上不去，产品没有标准、没有特色，只能卖给一些小商小贩，始终卖不了好价钱。

2007年，村民赵玉忠组织农民成立了北京绿菜园蔬菜专业合作社。合作社从建立农资门市部入手，统一采购农资，为社员提供农资、技术、销售服务，受到了大家的普遍欢迎。2009年，该村建成了300亩蔬菜大棚，委托合作社统一进行经营管理。

有了大棚怎么办，大家又要一起种菜吗？这引起了不少社员的怀疑。上了点年纪的社员说，可不能再像以前生产队那样，干多干少一个样，干好干坏一个样，出工不出力，个个磨洋工。大伙儿合计，大棚还必须社员自己种，合作社给社员统一提供种子、菜苗、肥料、生物农药。合作社卖完菜扣除成本后，统一再提取10%作为公积金和公益金，30%归合作社，社员拿走60%。合作社一年中赚的钱60%按社员蔬菜交易量返还，剩下的40%根据每个社员的出资额进行分配。这样，大伙儿算是真正"绑"在了一块儿。

合作社专门聘请了管理和技术人员，并在质量管理上严格实行标准化生产制度、生产监测制度、产品检测制度、产品追溯制度。合作社注册了"北菜园"商标。在北京城区、延庆的15个居民小区安装了20台智能配送柜，平均每天可以卖出500多千克菜。还通过网上下单、付款、送菜上门的方式，向消费者提供新鲜、安全的产品。2012年网上卖了46 500多千克蔬菜，收入74万元。

（资料来源：赵玉忠.合作社让我们种出放心菜卖出好价钱.中国农民合作社，2012年第8期.）

（二）做一家一户做不了的事

我国农户承包经营的土地规模小，平均每户只有七八亩地。许多事情一家一户做不了，或者做起来不划算。

农民专业合作社的发展，提高了农民的组织化程度，为农业机械化提供了条件。为解决这个难题找到了一条途径。据农业部统计,截至2011年年底,农民专业合作社转入的土地面积达3 055万亩,占全国耕地流转总面积的13.4%。

许多地方成立了农机专业合作社,为农户提供耕种、病虫害防治、收获等生产服务。

(三)保护农民合法的承包权

据国家统计局信阳调查队范宝良对100个农户进行的土地承包经营权流转意向问卷调查,80%的农户虽然愿意流转土地承包经营权,但即使在有利益补偿或完善的社会保障的情况下,愿意放弃土地的农户只有40%。而在没有利益补偿的情况下,即使已经在城市工作和生活的农民工也不愿放弃土地权益。

二、农民专业合作社的权利

根据《农民专业合作社法》第十六条的规定,农民专业合作社的成员享有以下权利。

1. 享有表决权、选举权和被选举权

参加成员大会,并享有表决权、选举权和被选举权,按照章程规定对本社实行民主管理。

(1)参加成员大会。这是成员的一项基本权利。成员大会是农民专业合作社的权力机构,由全体成员组成。农民专业合作社的每个成员都有权参加成员大会,决定合作社的重大问题,任何人不得限制或剥夺。

(2)行使表决权,实行民主管理。农民专业合作社是全体成员的合作社,成员大会是成员行使权力的机构。作为成员,有权通过出席成员大会并行使表决权,参加对农民专业合作社重大事项的决议。

(3)享有选举权和被选举权。理事长、理事、执行监事或者监事会成员,由成员大会从本社成员中选举产生,依照《农民专业合作社法》和章程的规定行使职权,对成员大会负责。所有成员都有权选举理事长、理事、执行监事或者监事会成员,也都有资格被选举为理事长、理事、执行监事或者监事会成员,但是法律另有规定的除外。在设有成员代表大会的合作社中,成员还有权选举成员代表,并享有成为成员代表的被选举权。

2. 利用本社提供的服务和生产经营设施

农民专业合作社以服务成员为宗旨,谋求全体成员的共同利益。作为农民专业合作社的成员,有权利用本社提供的服务和本社置备的生产经营设施。

3. 按照章程规定或者成员大会决议分享盈余

农民专业合作社获得的盈余依赖于成员产品的集合和成员对合作社的利用,本质上属于全体成员。可以说,成员的参与热情和参与效果直接决定了合作社的效益情况。因此,法律保护成员参与盈余分配的权利,成员有权按照章程规定或成员大会决议分享盈余。

4. 知情权

查阅本社的章程、成员名册、成员大会或者成员代表大会记录、理事会会议决议、监事会会议决议、财务会计报告和会计账簿成员是农民专业合作社的社员应有的权利,对农民专业合作社事务享有知情权,有权查阅相关资料,特别是了解农民专业合作社经营状况和财务状况,以便监督农民专业合作社的运营。

5. 章程规定的其他权利

章程在同《农民专业合作社法》不抵触的情况下,还可以结合本社的实际情况规定成员享有的其他权利。

三、农民专业合作社的义务

农民专业合作社在从事生产经营活动时,为了实现全体成员的共同利益,需要对外承担一定义务,这些义务需要全体成员共同承担,以保证农民专业合作社及时履行义务和顺利实现成员的利益。

根据《农民专业合作社法》第十八条的规定,农民专业合作社的成员应当履行以下义务。

1. 执行成员大会、成员代表大会和理事会的决议

成员大会和成员代表大会的决议,体现了全体成员的共同意志,成员应当严格遵守并执行。

2. 按照章程规定向本社出资

明确成员的出资通常具有两个方面的意义:

一是以成员出资作为组织从事经营活动的主要资金来源。二是明确组织对外承担债务责任的信用担保基础。但就农民专业合作社而言,因其类型多样,经营内容和经营规模差异很大,所以,对从事经营活动的资金需求很难用统一的法定标准来约束。而且,农民专业合作社的交易对象相对稳定,交易人对交易安全的信任主要取决于农民专业合作社能够提供的农产品,而不仅仅取决于成员出资所形成的合作社资本。由于我国各地经济发展的不平衡,以及农民专业合作社的业务特点和现阶段出资成员与非出资成员并存的实际情况,一律要求农民加入专业合作社时必须出资或者必须出法定数额的资金,不符合目前发展的现实。因此,成员加入合作社时是否出资以及出资方式、出资额、出资期限,都需要由农民专业合作社通过章程自己决定。

3. 按照章程规定与本社进行交易

农民加入合作社是要解决在独立的生产经营中个人无力解决、解决不好,或个人解决不合算的问题,是要利用和使用合作社所提供的服务。成员按照章程规定与本社进行交易既是成立合作社的目的,也是成员的一项义务。成员与合作社的交易,可能是交售农产品,也可能是购买生产资料,还可能是有偿利用合作社提供的技术、信息、运输等服务。成员与合作社的交易情

况,按照《农民专业合作社法》第三十六条的规定,应当记载在
该成员的账户中。

4. 按照章程规定承担亏损

由于市场风险和自然风险的存在,农民专业合作社的生产
经营可能会出现波动,有的年度有盈余,有的年度可能会出现亏
损。合作社有盈余时分享盈余是成员的法定权利,合作社亏损
时承担亏损也是成员的法定义务。

5. 章程规定的其他义务

成员除应当履行上述法定义务外,还应当履行章程结合本
社实际情况规定的其他义务。

四、国家支持扶持合作社的主要政策和项目

根据《农民专业合作社法》第四十九条至第五十二条规定,
农民专业合作社享有以下优惠政策。

(1)国家支持发展农业和农村经济的建设项目,可以委托
和安排有条件的有关农民专业合作社实施。

(2)中央和地方财政应当分别安排资金,支持农民专业合
作社开展信息、培训、农产品质量标准与认证、农业生产基础设
施建设、市场营销和技术推广等服务。对民族地区、边远地区和
贫困地区的农民专业合作社和生产国家与社会急需的重要农产
品的农民专业合作社给予优先扶持。

(3)国家政策性金融机构应当采取多种形式,为农民专业
合作社提供多渠道的资金支持。具体支持政策由国务院规定。
国家鼓励商业性金融机构采取多种形式,为农民专业合作社提
供金融服务。

(4)农民专业合作社享受国家规定的对农业生产、加工、流
通、服务和其他涉农经济活动相应的税收优惠。财政部、国家税
务总局《关于农民专业合作社有关税收政策的通知》还对农民

专业合作社享有的印花税、增值税优惠作出了具体规定：①农民专业合作社与本社成员签订的农业产品和农业生产资料购销合同免征印花税。②对农民专业合作社销售本社成员生产的农业产品，视同农业生产者销售自产农业产品免征增值税。③增值税一般纳税人从农民专业合作社购进的免税农业产品，可按13%的扣除率计算抵扣增值税进项税额。④对农民专业合作社向本社成员销售的农膜、种子、种苗、化肥、农药、农机，免征增值税。

五、农民专业合作社的运行模式

合作社的运行模式主要有以下几种。

(一)按经营方式分

1. 合作社＋农户

农户主要通过自己的合作社把产品销往市场，具有鲜明的"民办、民营、民受益"的特点。

2. 合作社＋基地＋农户

这类模式的合作社一般都有一定数量的生产基地，合作社通过生产基地，指导农户生产，并按标准收购或代销社员产品。

3. 龙头企业＋合作社＋农户

这类合作社一般由农业产业化龙头企业发起。企业占合作社股份的绝大部分，社员交纳一定数量的会费，以劳动或产品入股。合作社的法人代表多数由龙头企业负责人兼任。合作社架起了龙头企业与农民之间的桥梁，成了企业的生产车间。

4. 合作联社＋农户

这种组织模式由从事相关产业的不同合作社组成，形成产、加、销一体化经营的联合体，并在各环节上带动社员和农户。

(二)按领办方式分

1. 农民自办

在原专业大户的引导下,把同行业的农民组织在一起,发展规模经营。

2. 能人领办

充分利用有技术、有资金、有市场的"能人"的优势,带动农户共同发展。

3. 龙头企业领办

由龙头企业利用的品牌、人才、技术、营销等资源优势,按产业类型和产业布局,把当地农户组织起来,实行专业化生产,规模化经营。

4. 村级组织领办

由村"两委"班子成员根据产业发展需要,组建或领办农民专业合作社。形成"一村一社"或"多村一社",可以进行"统一品种、统一育苗、统一生产技术、统一质量标准、统一销售"。

六、设立与管理农民专业合作社

它包括政府对专业合作经济组织的宏观管理和专业合作经济组织的自我管理。

(一)民主管理

根据农民专业合作社章程规定,合作社成员应合理行使自己的权利和履行自己的义务。成员的权利和义务主要有:选举权和被选举权;建议权和批评权;优先参加组织活动,优先获取信息资料和各种服务的权利;按照章程规定获得盈余返还的权利;求得组织帮助和保护的权利。同时,会员要遵守协会章程,执行协会的各项决议,参加协会活动,完成协议委托的工作,按规定交纳会费等。

按照《农民专业合作社法》第三十一条规定:执行与农民专业合作社业务有关公务的人员,不得担任农民专业合作社的理事长、理事、监事、经理或者财务会计人员。

(二)财务管理

农民专业合作社财务管理的主要特点是:

(1)可以按照章程规定或者成员大会决议从当年盈余中提取公积金。公积金用于弥补亏损、扩大生产经营或者转为成员出资。每年提取的公积金按照章程规定量化为每个成员的份额或每个成员的一定比例的销售额。

(2)农民专业合作社应当为每个成员设立成员账户。成员账户主要记载该成员的出资额;量化为该成员的公积金份额;该成员与本社的交易量(额)等内容。成员账户的建立不仅为合作社年终分配提供了依据,而且是成员在合作社中的财产权利的具体体现。

(3)在弥补亏损、提取公积金后的当年盈余,为农民专业合作社的可分配盈余。可分配盈余按照下列规定返还或者分配给成员:①按成员与本社的交易量(额)比例返还,返还总额不得低于可分配盈余的60%;②按前项规定返还后的剩余部分,以成员账户中记载的出资额和公积金份额,以及本社接受国家财政直接补助和他人捐赠形成的财产平均量化到成员的份额,按比例分配给本社成员。具体分配办法按照章程规定或者经成员大会决议确定。

(4)设立执行监事或者监事会的农民专业合作社,由执行监事或者监事会负责对本社的财务进行内部审计,审计结果应当向成员大会报告。成员大会也可以委托审计机构对本社的财务进行审计。

第四节　农业产业化经营

党的"十八大"明确提出,坚持和完善农村基本经营制度,发展多种形式规模经营,构建集约化、专业化、组织化、社会化相结合的新型农业经营体系。这为我国现代农业发展指明了方向。然而目前,我国一些地方在农业的规模化问题上从认识到实践都存在一些误区。一方面,盲目学习西方农业规模化经营做法,生搬硬套西方规模化发展模式,另一方面,从革命党向执政党角色转换尚不到位,军事化思维的惯性还在作祟。在这两种因素的共同作用下,认为现代农业规模化就是土地的规模化,土地的规模化就是土地集中度越高越好,土地集中度越高代表现代化程度就越高。以致形成不顾客观实际大面积推进土地规模化热潮。诚然,只有规模化才便于机械化、标准化、现代化,才能提高效率,但现代农业规模化内容丰富,涵盖面广,土地规模化仅仅是其中一个方面,也并非是必要条件。日本等一些人多地少的国家,小规模家庭经营,同样可以建成现代农业,实现农业现代化。因此,我国人多地少的基本国情,决定了现代农业在规模化问题上不能只在土地上动脑筋,土地只能适度规模,需要在如下方面特别狠下工夫。

一、产业布局的规模化

推进现代农业产业布局规模化,便于公益性、社会化服务,便于生产经营管理,有利于发展区域特色产业,有利于形成区域品牌,增强核心竞争力。当前,我国各地按照工业反哺农业、城市支持农村和多予少取放活方针,着力推进城乡产业规划一体化,根据当地的资源禀赋,科学合理配置空间布局,谋划一批现代农业示范园区。但一些地方产业布局缺乏科学谋划,发展的产业过多,重点不突出,散乱零碎,规模太小,形不成拳头。在园区的经营上,不少地方还采用"大园区、大业主"贪大求洋的惯性思维,这是一个误区,中国现代农业必须走"大园区、小业主"的发展路子,才是符合国情的好途径。20 世纪 60—70 年代,我国一大二公的人民公社体制,实际上就是实行"大面积、大业主"的发展模式,农民没有自主经营权,生产积极性受到严重影响,形成农业生产的"大呼隆",劳动生产率和土地产出率低下。目前,许多城市大公司大企业到农村盲目圈地建"大园区""大基地",自己当大业主,极易导致 4 个后果。一是容易产生"挤出效应",使绝大多数靠家庭经营的农民无力竞争,增收更难。二是在"带动"农民的同时,也"代替"了农民,农民成为雇工,使农民无法参与农业的经营管理,生产的积极性、主动性和创造性严重受阻。三是农业是弱质产业,比较效益较低,企业规模经营又要大量雇佣农业工人,进一步降低收益,大大增加企业的经营风险。四是一旦公司不干了,或出现风险,被流转了土地的农民收益没了,在公司打工的机会也没了,他们的后顾之忧难以解决。"公社 + 社员"是政府在种地,"公司 + 农户"是企业在种地,政府种不好地,企业同样种不好地,种地的必须是农民自己。因此,我国现代农业产业布局,应按照宜种植则种植、宜养殖则养殖、宜林则林、宜加工则加工、宜旅游则旅游等原则,谋划建设一批产业特色鲜明、带动农民增收、竞争力强的大园区,形成差异化布局,区域性优势的格局。在大园区中重点扶持新型职业化农民、专业大户、家庭农场、合作社等新型经营主体,大力支持帮助农户与农户发展多种形式的联合与合作,引导龙头企业与农户、合作社建立合理的利益联结机制,走出一条"大园区、小业主"的现代农业发展之路。

二、产业链条的规模化

发达国家已普遍进入后现代农业时代,如果还把农业局限于"一产",农业就会钻入死胡同,必须用现代理念构建一个上中下游一体,一、二、三产融合,产供销加互促的多功能复合型产业链条。从更宏观层面上看,这一产业链条的打造,也是统筹城乡发展、逐步改变城乡二元经济结构,促进工业化、信息化、城镇化和农业现代化四化同步的必由之路。目前,我国各地农业产业链条过短,农产品生产的关键技术和加工的研发技术等十分滞后,产品销售还主要以"原"字号为主,农产品加工特别是精深加工严重不足,营销能力尤其落后,巨大的增值空间还没有打开。千方百计拉长产业链,努力构建从生产起点到消费终端的完整产业链条,应是我国现代农业未来发展的方向。就工业生产而言,一个完整的产业链通常包括生产制造、产品设计、原材料采购、订单规划、商品运输、产品零售等诸多环节。其中生产制造环节附加值最低。中国作为"世界工厂"主要从事的是产业链最低端的制造业,生产8亿条裤子才能换回一架空客A380飞机。农业的完整产业链条也同样包含这些环节。要获得更高的农业效益,除了生产种植,更要获取设计、包装、加工、仓储、运输、销售、研发等后续产业链条中的高附加值。上海崇明岛前卫村,只有5 000亩地,以生态农业为核心,综合打造种植业、养殖业、农产品加工业、新能源及乡村旅游等产业,构建起完整的产业链条,村民人均年收入达到16万元之巨。未来,各地应加大招商引资力度,引导城市资金、技术、人才等生产要素向农村流动,重点鼓励城市工商企业到农村建立优质农产品生产加工基地,支持农产品精深加工关键技术研发,大力发展农产品精深加工业,同时,精心打造农产品从包装设计、储藏运输、订单处理、批发经营到终端零售等产业链条各个环节,努力构建完整的产业链条,从而不断提高农业生产力和劳动生产率,让农民更多地贡献农产品增值收益。

三、组织的规模化

提高农民组织化程度,不仅可以降低农业的交易成本,提升农民在市场中的谈判地位,同时还能够增强农民抵御来自自然的、社会的、政策的、市场的等种种风险的能力。世界各国农业发展经验也表明,将农业生产者组织起来是建设现代农业必然选择。美国农业合作社对内为其社员提供物资与资金、组织经营管理等,对外帮助输出劳务和销售农副产品等,有效地避免了市场风险、保护了农民利益。日本农协在政府财力物力支持下,通过其遍及全国的机构和广泛的业务活动,同农户建立了各种形式的经济联系,在产前、产中、产后诸环节上使小农户同大市场成功对接,在有效阻止商业资本对农民的盘剥、保护农民利益方面发挥了举足轻重的作用。连封建皇帝都十分重视让农民组织起来,1898 年,清朝光绪皇帝曾颁布上谕要求全国各州、府、县力推农会。近年来,我国农民专业合作组织,特别是合作社实现了快速发展。资本的力量来自钱的集合,钱多势众;组织的力量来自人的集合,人多自然也势众。当前,一些地方通过农民专业合作组织,实行"六统一分"把分散的种养殖农户组织起来,进行标准化生产,实现规模化经营的路子值得借鉴和大力推行。"六统一分"即:统一优良品种、统一投入品配送、统一疫病防控、统一机械化作业、统一技术标准、统一市场营销、分户适度规模种植养殖。这其中重要的一条就是政府要创造环境,切实搞好服务。但是,在发展农民组织的问题上应防止出现当年"公社 + 社员"的翻版,同时应避免"公司 + 农户"的弊端,走"农户 + 农户"的路子才是正途。

四、服务的规模化

构建覆盖全程、综合配套、便捷高效的多元新型的社会化服务体系,是发展现代农业的基本要求。社会化服务体系包括公益性、经营性和自助性三大方面,公益性的应由政府负责,经营性的由市场运作,自助性的由农民合作组织承担。我国农业公益性服务还很脆弱,经营性和自助性服务组织发育不足,多元化、多层次、多形式的社会化服务体系亟待建立健全。当前在城市化高潮的背景下，由于轻农、弃农、厌农思想蔓延，许多社会组织不愿为农服务，认为为农服务收益不高，前途不大。随着我国工业化、城镇化的快速推进，青壮年农民几乎都进入城市经商务工，农村务农只剩下"389961"部队，越来越多的农活急需社会提供服务。近些年在全国范围内公益性与经营性服务有效结合的成功范例就是农机跨区作业。国家不断加大购机补贴力度，全国各级农机部门收集发布天气、供求、交通等信息，协调保障柴油供应、落实免费通行政策，每年"三夏"，全国大约50万台农民自购的联合收割机便自发地南下北上跨区作业，就解决了全国80%以上的机械化收割问题，2012年全国农业机械化服务经营收入达到4 800亿元，实现了农民、机手和政府的多赢。国际经验表明，西方发达国家农业服务业人口比农业人口要多得多，一个农民身边围绕着好几个人甚至十几个人为他服务。为农服务的企业完全可以做大做强，从美国种业发展就可见一斑，全美涉及种子业务的企业有700多家，其中，种子公司500多家，既有孟山都、杜邦先锋、先正达、陶氏等跨国公司，也有从事专业化经营的小公司或家庭企业，还有种子包衣、加工机械等关联产业企业200多家。2010年，孟山都销售收入105亿美元，其中，种子及生物技术专利业务76亿美元，除草剂业务29亿美元；杜邦先锋销售收入315亿美元，其中，种子业务53亿美元；先正达销售收入116亿美元，其中，种子业务销售收入28亿美元。可见我国为农业服务的服务业蕴藏着多么巨大的潜力。我们必须下大工夫挖掘这一潜力，开拓这一市场，千方百计引导大企业大公司下乡发展各类为农服务的服务业。未来我国应加快构建以公益性服务、经营性服务和自助性服务相结合、专项服务和综合服务相协调的新型农业社会化服务体系。

五、适合工厂化生产的种养业规模化

工厂化农业也称设施农业,它是利用现代工业技术装备农业,在可控环境条件下,采用工业化生产方式,实现集成高效及可持续发展的现代农业生产与管理体系。用工业化的生产方式代替传统小农生产方式,可以有效地利用现代工业技术和设施装备农业,使农业生产摆脱自然环境与条件的束缚,利用现代工业化的管理和生产手段从事农业生产,提高劳动生产率和土地产出率,使资源得到合理、高效利用,使农产品的市场占有率大大提高。目前,我国工厂化农业规模较小、科研和技术应用水平还较低、管理水平也亟待提高。世界上有一些工厂化农业比较发达的典型范例,比如荷兰温室园艺已形成一个具有相当规模的产业,利用有限的资源带来无限的财富令世人瞩目,值得我国学习。20 世纪 90 年代以来,荷兰每年以花卉为主的农产品净出口值一直保持在 130 多亿美元左右,约占世界农产品贸易市场份额的 10%。以色列的设施农业在世界上最负盛名,北欧一些国家的温室蔬菜也是后起之秀。我国山东的寿光,自 20 世纪 80 年代以来,选准设施蔬菜作为带动农民增收的主导产业常抓不懈,目前年产蔬菜 400 万吨,拥有全国最大的农产品物流园,产品除销往全国各地(包括香港)外,还出口至日、韩等数十个国家和地区,成为国家级"出口食品农产品质量安全示范区",是著名的"中国蔬菜之乡"。从现代农业发展趋势看,我国完全能够走出一条适合国情,具有中国特色的摆脱环境控制的工厂化农业发展之路。大力发展设施高效农业,加大农业物联网技术应用力度,着力扶持一批工厂化蔬菜、瓜果、花卉、畜产品、水产品等设施技术和产业建设的发展,应是我国现代农业的重要着力点。但对于畜产品、水产品等养殖业应充分考虑环境的承载力,发展适度规模的工厂化经营,不可超越当地环境的净化能力盲目扩容。

当前，中国畜牧业正陷入盲目求大的困境。自 2008 年"三聚氰胺毒奶粉"事件后，中国就开始了"万头大牧场"的建设运动，目前已有 40 多个 1 万头到 2 万头的大牧场，是世界第一多。中部某省有一个存栏设计 4 万头的大牧场，可能是世界第一大。在畜牧发达且地广人稀的美国、加拿大，大牧场仍然是实验性的，一般规模多在 3 000 头左右，其他国家多为散养或在千头以下规模。美国大牧场每头牛产奶 9.6 吨，中国平均 4.5 吨，做得最好的大牧场也只有 8 吨。万头大牧场带来巨大的生态压力，一个万头大牧场需要周围 3 万亩农田消纳粪便。大牧场在国外不能发展的原因即在于此。在中国，许多企业则不考虑污染问题。这仅是权宜之计，带来的污染终归要从根本上解决。

第四章　农产品质量安全及市场营销

第一节　农产品质量安全的相关概念

一、农产品质量安全的概念

按照产品质量安全法的有关规定,农产品是指源于农业的初级产品,即在农业活动中获得的植物、动物、微生物及其产品。农产品质量安全,指农产品质量符合保障人的健康、安全的要求。广义的农产品质量安全还包括农产品满足贮运、加工、消费、出口等方面的要求。

农产品质量安全水平,指农产品符合规定的标准或要求的程度。当前提高农产品质量安全水平,就是要提高防范农产品中有毒有害物质对人体健康可能产生的危害的能力。一般来说,农产品质量安全水平是一个国家或地区经济社会发展水平的重要标志之一。

二、农产品质量安全的特点

由于农产品质量安全水平是指农产品符合规定的标准或要求的程度,这种程度可以是正的,也可以是负的。负的农产品质量水平,即农产品不安全,具有以下几个明显的特点。

危害的直接性。农产品的质量不安全主要是指其对人体健康造成危害而言。大多数农产品一般都直接消费或加工后被消费。受物理性、化学性和生物性污染的农产品均可能直接对人体健康和生命安全产生危害。

危害的隐蔽性。农产品质量安全的水平或程度仅凭感观往往难以辨别,需要通过仪器设备进行检验检测,有些甚至还需要进行人体或动物试验后才能确定。由于受科技发展水平等条件的制约,部分参数或指标的检测难度大、检测时间长。因此,质量安全状况难以及时准确判断,危害具有较强的隐蔽性。

危害的累积性。不安全农产品对人体危害的表现,往往经过较长时间的积累才能发现。如部分农药、兽药残留在人体积累到一定程度后,就可能导致疾病的发生和恶化。

危害产生的多环节性。农产品生产的产地环境、投入品、生产过程、加工、流通、消费等各环节均有可能对农产品产生污染,引发质量安全问题。

管理的复杂性。农产品生产周期长、产业链条复杂、区域跨度大;农产品质量安全管理涉及多学科、多领域、多环节、多部门,控制技术相对复杂;加之我国农业生产规模小,生产者经营素质不高,致使农产品质量安全管理难度大。

三、危害农产品质量安全的三类来源

物理性污染。指由物理性因素对农产品质量安全产生的危害。如因人工或机械等因素在农产品中混入杂质或农产品因辐照导致放射性污染等。

化学性污染。指在生产加工过程中使用化学合成物质而对农产品质量安全产生的危害。如使用农药、兽药、添加剂等造成的残留。

生物性污染。指自然界中各类生物性污染对农产品质量安全产生的危害。如致病性细菌、病毒以及某些毒素等。生物性污染具有较大的不确定性,控制难度大。

四、农产品质量安全事故的处理

(1)高度重视,积极应对。依据《中华人民共和国农产品质量安全法》及时处理、报告、通报各地的农产品上市情况及质量安全状况和事件,依据《国家重大食品安全事故应急预案》对农产品食品安全事件由全国统一领导、地方政府负责、部门指导协调、各方联合行动的方针积极处理,将损失降低到最少。

(2)明确职责,落实责任。明确地方政府、农业部和有关部门及农业系统内部3个方面的关系及工作程序和职责,做到各司其职,各尽所能。

(3)制定预案,依法应急。依法规范程序,做到一旦在农产品生产、销售等各个环节发现问题能及时落实责任单位、责任人,及时处理问题,不断完善手段,做到科学有效。

(4)及时反应,快速行动。当有农产品质量安全事故发生时,快速启动预案,积极迅速开展工作;启动应急预案,进行应急处置,严格控制事态发展,将危害降至最低。

(5)加强监测,群防群控。对于农产品质量安全事件及时分析、评估和预警,做到防患于未然;坚持群防群控,做到早发现、早报告、早控制。

(6)科学调查,准确评价。对于调查、处理、技术鉴定等,做到有理有据,科学准确;用标准说话,用数据说话,以事实为依据,以法律为准绳。

第二节　无公害农产品认证

一、无公害农产品概述

为解决我国农产品基本质量安全问题,经国务院批准,农业部于2001年启动"无公害食品行动计划",并于2003年开展了全国统一标志的无公害农产品认证工作。近年来,无公害农产品保持了快速发展的态势,具备了一定的发展基础和总量规模,已成为许多大中城市农产品市场准入的重要条件。目前,无公害农产品认证已成为促进农户、企业和其他组织提高生产与管理水平、保障农产品质量安全、保护环境和人民身体健康、规范市场行为、指导消费、促进贸易的重要手段。

(一)无公害农产品的定义及内涵

无公害农产品是指产地环境、生产过程、产品质量符合国家有关标准和规范的要求,经认证合格获得认证证书并允许使用无公害农产品标志的未经加工或初加工的食用农产品;也就是使用安全的投入品,按照规定的技术规范生产,产地环境、产品质量符合国家强制性标准并使用特有标志的安全农产品。

无公害农产品,也就是安全农产品,或者说是在安全方面合格的农产品,是农产品上市销售的基本条件。但由于无公害农产品的管理是一种质量认证性质的管理,而通常质量认证合格的表示方式是颁发"认证证书"和"认证标志",并予以注册登记。因此,只有经农业部农产品质量安全中心认证合格,颁发认证证书,并在产品及产品包装上使用全国统一的无公害农产品标志的食用农产品,才是无公害农产品。

无公害农产品标志图案主要由麦穗、对勾和无公害农产品字样组成,标志整体为绿色,其中麦穗与对勾为金色。绿色象征环保和安全,金色寓意成熟和丰收,麦穗代表农产品,对勾表示合格。标志图案直观、简洁、易于识别,涵义通俗易懂。

关于无公害农产品和无公害食品的称谓问题,这是由于我国历史、体制等方面的原因,将食物分为农产品和食品,国际上统称食物(Food)。为了体现农产品质量安全从"农田到餐桌"全程控制和政府抓农产品消费安全的切入点,农业部在"无公害食品行动计划"和行业标准中使用的是无公害食品。行业标准是技术法规,需要全社会共同遵循,包括生产消费和流通领域,所以叫无公害食品;"无公害食品行动计划"是受国务院委托,由农业部牵头,各相关方面共同推进,所以叫"无公害食品行动计划"。为了便于各级农业部门根据职能分工抓住工作重点,农业部在各项规章、制度和办法中使用的是无公害农产品概念。

(二)无公害农产品特征

(1)在市场定位上,无公害农产品是公共安全品牌,保障基本安全,满足大众消费。

(2)在产品结构上,无公害农产品主要是百姓日常生活离不开的"菜篮子"和"米袋子"等大宗未经加工及初加工的农产品。

(3)在技术制度上,无公害农产品推行"标准化市场、投入品监管、关键点控制、安全性保障"的技术制度。

(4)在认证方式上,无公害农产品认证采取产地认定与产品认证相结合的方式,产地认定主要解决产地环境和生产过程中的质量安全控制问题,是产品认证的前提和基础,产品认证主要解决产品安全和市场准入问题。

(5)在发展机制上,无公害农产品认证是为保障农产品生产和消费安全而实施的政府质量安全担保制度,属于公益性事业,实行政府推动的发展机制,认证不收费。

(6)在标志管理上,无公害农产品标志是由农业部和国家认证认可监督管理委员会联合公告的,依据《无公害农产品标志管理办法》实施全国统一标志管理。

二、无公害农产品认证

(一)无公害农产品认证特点

无公害农产品认证工作是农产品质量安全管理的重要内容。开展无公害农产品认证工作是促进结构调整、推动农业产业化发展、实施农业品牌战略、提升农产品竞争力和扩大出口的重要手段。无公害农产品认证有以下几个特点。

1. 认证性质

无公害农产品认证执行的是无公害食品标准,认证的对象主要是百姓日常生活离不开的"菜篮子"和"米袋子"产品。也就是说,无公害农产品认证的目的是保障基本安全,满足大众消费,是政府推动的公益性认证。

2. 认证方式

无公害农产品认证采取产地认定与产品认证相结合的模式,运用了从"农田到餐桌"全过程管理的指导思想,打破了过去农产品质量安全管理分行业、分环节管理的理念,强调以生产过程控制为重点,以产品管理为主线,以市场准入为切入点,以保证最终产品消费安全为基本目标。产地认定主要解决生产环节的质量安全控制问题;产品认证主要解决产品安全和市场准入问题。无公害农产品认证的过程是一个自上而下的农产品质量安全监督管理行为;产地认定是对农业过程的检查监督行为;产品认证是对管理成效的确认,包括监督产地环境、投入品使用、生产过程的检查及产品的准入检测等方面。

3. 技术制度

无公害农产品认证推行"标准化生产、投入品监管、关键点控制、安全性保障"的技术制度。从产地环境、生产过程和产品质量三个重点环节控制危害因素含量,保障农产品的质量安全。

(二)无公害农产品认证依据

为了确保认证的公平、公正、规范,无公害农产品认证是在一套既符合国家认证认可规则又满足相关法律法规、规章制度、技术标准规范要求的认证制度下进行运作的。

1. 法律法规

(1)国家相关法律法规 《中华人民共和国农业法》《中华

人民共和国认证认可条例》《中华人民共和国农产品质量安全法》和《国务院关于加强食品等产品安全监督管理的特别规定》，是制定无公害农产品认证工作制度所遵循的法律依据。

（2）《无公害农产品管理办法》　由农业部和国家质量监督检验检疫总局联合发布，提出了无公害农产品管理工作，由政府推动，并实行产地认定和产品认证的工作模式，明确省级农业行政主管部门负责组织实施本辖区内无公害农产品产地认定工作，标志着无公害农产品管理工作正式纳入依法行政的轨道。

2. 制度文件

（1）《无公害农产品产地认定程序》和《无公害农产品认证程序》　由农业部和国家认证认可监督管理委员会联合颁发，规范了认定和认证的行为，并首次明确了农业部农产品质量安全中心承担无公害农产品认证工作。

（2）《无公害农产品产地认定与产品认证一体化推进实施意见》　从根本上解决了无公害农产品产地认定与产品认证脱节问题，提高了产地认定和产品认证工作效率，加快了产地认定与产品认证步伐。意见从总体思路、推进重点和实施要求3个方面做了阐述，并附有《无公害农产品产地认定与产品认证一体化工作流程规范》和《无公害农产品产地认定与产品认证一体化推进前后申请材料及审查流程对比分析》。

（3）《无公害农产品产地认定与产品认证一体化推进和复查换证提交材料的补充规定》　为促进无公害农产品产地认定与产品认证一体化推进和复查换证工作的有序开展，确保无公害农产品认证工作的规范性，经研究，决定对认证过程中的相关问题作如下补充规定：

①关于一体化推进提交材料补充规定。关于产地认定整体推进衔接规定。在开展了产地认定整体推进的地区按一体化推进试点要求申报无公害农产品认证，申请人在通过整体环评后，提交产品认证申报材料时，可用《无公害农产品产地认定证书》

代替《产地环境检验报告》和《产地环境现状评价报告》。省级工作机构审查此类申报材料时,要在《无公害农产品产地认定与产品认证报告》的初审意见栏中明确该产地已通过整体环评和在产地认定整体推进的范围。

②关于现场检查补充规定。为确保一体化推进工作中现场检查的有效性,在实施一体化推进试点的地区,各级工作机构在现场检查过程中要按照《无公害农产品认证现场检查规范》进行现场检查,突出对申报产品生产过程记录的核查,并在《无公害农产品认证现场检查报告》总体评价栏中就生产过程记录是否符合规定要求作为一项重要内容加以说明。

③关于复查换证提交材料补充规定。根据《无公害农产品认证复查换证有关问题的处理意见》第三条第二款规定,在无公害农产品证书有效期期间,产品未出现过质量安全事故和不合格现象,经现场检查确认产品质量稳定,产地环境、生产过程控制符合规范要求,现场检查合格的,无公害农产品复查换证申请者可不提交《产品检验报告》。为确保此项规定有效执行,各省工作机构依据此规定开展复查换证时,须根据现场检查情况出具合格的《现场检查报告》,并在《无公害农产品认证报告》审查栏中说明。

(4)《关于开展无公害农产品便携式复查换证工作的通知》为推进无公害农产品事业又好又快发展,根据无公害农产品到期复查换证工作出现的新情况和新要求,农业部农产品质量安全中心决定对在无公害农产品证书有效期内产品质量稳定、从未出现过质量安全事故的无公害农产品,在证书有效期满申请复查时推行便捷式换证手续。现就实施便捷式复查换证有关事项通知如下:

①适用范围。便捷式复查换证程序只适用于证书有效期内产品质量稳定、从未出现过质量安全事故的获证无公害农产品。除此之外的其他类型产品的复查换证仍按照原有程序办理。

②调整内容。

一是简化申报材料。将目前正常程序无公害农产品复查换证需要提交的 5 份材料简化为 2 份材料。复查换证申请人只需对省级工作机构印发的《无公害农产品复查换证信息登录表》(简称《信息登录表》)中的产品信息进行核对确认后,便可向县级无公害农产品工作机构提交《信息登录表》和《无公害农产品产地认定与产品认证复查换证申请和审查报告》(简称《申请和审查报告》),即完成复查换证的申请。

二是减少审查环节。将目前无公害农产品复查换证实质性审查工作由原来的"县级—地市级—省级—部直分中心—部中心"5 个环节简化为"县级—地市级—省级"3 个环节。省级工作机构依托地、县两级无公害农产品工作机构完成复查换证的审查工作,必要时可组织实施现场检查。对于通过审查的产品,按照规定要求报请省级农业行政主管部门颁发《无公害农产品产地认定证书》,同时将产品《信息登录表(汇总表)》(纸质版、电子版)和《申请和审查报告》按规定报部中心审批、颁证和产地备案。

③工作要求。

一是认真做好产品审核工作。各省级工作机构要充分依托各级各类农产品质量安全监督抽检和例行监测结果,科学分析和划定适用于便捷式复查换证工作模式的获证产品名录,同时要充分依托地、县两级工作机构做好到期复查换证产品的组织申报工作,严把材料审查关,强化现场检查工作。原则上现场检查比例不应低于年度到期换证产品总数 5%。部中心也将根据各地的复查换证情况,抽取一定比例实施现场核查,强化复查换证工作质量控制和业务指导。

二是强化复查换证工作管理。第一,实施退出公告制度。对证书有效期届满超过 3 个月未申请复查换证且未转换为绿色食品或有机农产品的获证无公害农产品,由省级工作机构统计确认后,以文件形式报部中心审定,统一在中国农产品质量安全网上发布退出公告。第二,建立自上而下、整体推动工作机制。鉴于复查换证工作量大、换证时间集中的特点,便捷式复查换证工作要坚持自上而下、整体推动的工作机制,要通过强有力的工作措施,将复查换证工作组织好、实施好、完成好,确保复查换证总体比例不低于 80% 的工作目标。

三是加强组织领导,做好宣传培训工作。推进无公害农产品便捷式复查换证工作是新形势下无公害农产品工作机制的一种创新,各级无公害农产品工作机构要进一步增强责任意识,切实加强组织领导,周密部署,强化检查员队伍培训,要重点加强地县两级检查员队伍的业务培训和审查能力提升。同时,各地要加大宣传力度,扩大社会影响,提高申请人复查换证积极性和自觉性。

无公害农产品便捷式复查换证工作从 2008 年 6 月 1 日起开始实施。

(5)《关于进一步规范无公害农产品认证工作时限的通知》规范了无公害农产品工作时限,特别对各级工作机构在无公害农产品认证审核时限上作了相应的划定和规范;实行受理(接收)、报出告知制度,建立了一次性明确补充材料和整改时限要求。

(6)《实施无公害农产品认证的产品目录》《无公害农产品认证程序》中第三条和第四条规定,农业部和国家认证认可监督管理委员会依据相关的国家标准或行业标准发布《实施无公害农产品认证的产品目录》,申请无公害农产品认证的产品应在认证产品目录范围内。认证产品目录中共有产品 815 个,其中,种植业产品 546 个,畜牧业产品 65 个,渔业产品 204 个。

3. 标准体系

无公害食品标准是无公害农产品认证的技术依据和基础,是判定无公害农产品的尺度。为了使全国无公害农产品生产和加工按照全国统一的技术标准进行,消除不同标准差异,树立标准一致的无公害农产品形象,农业部组织制定了一系列产品标准以及包括产地环境条件、投入品使用、生产管理技术规范、认证管理技术规范等通则类的无公害食品标准,标准系列号为NY 5000。

无公害食品标准体现了"从农田到餐桌"全程质量控制的思想。标准包括产品标准、投入品使用准则、产地环境条件、生产管理技术规范和认证管理技术规范五个方面,贯穿了"从农田到餐桌"全过程所有关键控制环节,促进了无公害农产品生产、检测、认证及监管的科学性和规范化。

(三)无公害农产品认证组织机构

1. 组织机构

无公害农产品管理工作,由政府推动,并实行产地认定与产品认证相结合的工作模式。省级农业行政主管部门负责组织实施产地认定工作;农业部农产品质量安全中心负责产品认证工作。

2. 工作职责

(1)农业部农产品质量安全中心　包括3个分中心,重点抓好无公害农产品认证工作规划计划、组织协调、审批发证、标志管理、监督检查。

(2)省级工作机构　包括市县工作机构,省级工作机构的工作重点是抓好产地认定、产品检测、认证初审、标志推广、监督抽查;市县两级工作机构的工作重点是抓好宣传动员、组织申报、技术指导、技术培训,具体承担实施现场检查与证后的日常监督管理。

(3)产品认证评审委员会　评审委员会在农业部农产品质量安全中心的组织和领导下,承担无公害农产品的技术评审工作,保证无公害农产品评审工作的科学、公正、规范。评审委员会成员由农业部有关方面的领导、相关专业的技术专家及质量管理专家等组成。其主要职责是:负责制(修)订无公害农产品认证评审工作原则;审议中心提交的认证报告,做出认证结论;对认证工作提出意见和建议。

(4)产地认定委员会　产地认定委员会在省级农业行政主管部门的组织和领导下,承担无公害农产品产地认定的终审工作,保证无公害农产品产地认定工作的科学、公正、规范。其主要职责是:负责制(修)订无公害农产品产地认定实施细则;负责产地认定材料的全面终审,做出认定结论;对产地认定工作提供智力支持和技术支撑。

(5)产地环境检测机构　其主要职责是:承担无公害农产品产地认定中的产地环境检测与评价任务;及时准确出具产地环境检测报告和产地环境现状评价报告。

(6)无公害农产品检测机构　其主要职责是:承担申报产品的抽样和检验任务;承担无公害农产品年度抽检任务;依照法律、法规、无公害农产品标准及有关规定,客观、公正地出具检验报告。

(四)无公害农产品认证程序

1. 无公害农产品产地认定与产品认证

农业部于 2003 年 4 月推出了无公害农产品国家认证。根据《无公害农产品管理办法》的有关规定,无公害农产品管理工作由政府推动,并实行产地认定和产品认证的工作模式。国家鼓励生产单位和个人申请无公害农产品产地认定和产品认证。实施无公害农产品认证的产品范围由农业部、国家认证认可监督管理委员会共同确定、调整。

从事无公害农产品产地认定的部门和产品认证的机构不得收取费用。检测机构的检测、无公害农产品标志按国家规定收取费用。

在 2006 年 7 月份之前,无公害农产品产地认定与产品认证是分开进行的,即产地认定工作由本辖区内的省级农业行政主管部门负责组织实施,认定结果报农业部农产品质量安全中心备案、编号;产品认证工作由农业部农产品质量安全中心统一组织实施,认证结果报农业部、国家认监委公告。根据《无公害农产品管理办法》、《无公害农产品产地认定程序》和《无公害农产品认证程序》规定,结合无公害农产品事业发展需要,在充分调研和广泛征求意见的基础上,农业部农产品质量安全中心于2006 年 7 月组织制定了《无公害农产品产地认定与产品认证一体化推进实施意见》,从 2006 年 8 月 1 日起正式实施无公害农产品产地认定与产品认证一体化推进工作。

2. 无公害农产品产地认定与产品认证工作流程

本工作流程适用于经农业部农产品质量安全中心批复认可的省、自治区、直辖市及计划单列市无公害农产品产地认定与产品认证一体化推进工作。

(1)从事农产品生产的单位和个人　可以直接向所在县级农产品质量安全工作机构(简称"工作机构")提出无公害农产品产地认定和产品认证一体化申请,并提交以下材料。

①《无公害农产品产地认定与产品认证(复查换证)申请书》(相关表格可登录 http://www.aqsc.gov.cn 进行下载)。

②国家法律法规规定申请者必须具备的资质证明文件(复印件)。

③无公害农产品生产质量控制措施。

④无公害农产品生产操作规程。

⑤符合规定要求的《产地环境检验报告》和《产地环境现状评价报告》或者符合无公害农产品产地要求的《产地环境调查报告》。

⑥符合规定要求的《产品检验报告》。

⑦规定提交的其他相应材料。

申请产品扩项认证的,提交材料①、④、⑥和有效的《无公害农产品产地认定证书》。申请复查换证的,提交材料①、⑥、⑦和原《无公害农产品产地认定证书》和《无公害农产品认证证书》复印件,其中材料⑥的要求按照《无公害农产品认证复查换证有关问题的处理意见》执行。

(2)同一产地、同一生长周期、适用同一无公害食品标准生产的多种产品在申请认证时 检测产品抽样数量原则上采取按照申请产品数量开二次平方根(四舍五入取整)的方法确定,并按规定标准进行检测。

申请之日前两年内部、省监督抽检质量安全不合格的产品应包含在检测产品抽样数量之内。

(3)县级工作机构 自收到申请之日起 10 个工作日内,负责完成对申请人申请材料的形式审查。符合要求的,在《无公害农产品产地认定与产品认证报告》(以下简称《认证报告》)签署推荐意见,连同申请材料报送地级工作机构审查。

不符合要求的,书面通知申请人整改、补充材料。

(4)地级工作机构 自收到申请材料、县级工作机构推荐意见之日起 15 个工作日内,对全套申请材料进行符合性审查,符合要求的,在《认证报告》上签署审查意见(北京、上海、天津、重庆等直辖市和计划单列市的地级工作合并到县级一并完成),报送省级工作机构。

不符合要求的,书面告之县级工作机构通知申请人整改、补充材料。

(5)省级工作机构 自收到申请材料及县、地两级工作机构推荐、审查意见之日起 20 个工作日内,应当组织或者委托地县两级有资质的检查员按照《无公害农产品认证现场检查工作程序》进行现场检查,完成对整个认证申请的初审,并在《认证报告》上提出初审意见。

通过初审的,报请省级农业行政主管部门颁发《无公害农产品产地认定证书》,同时将申请材料、《认证报告》和《无公害农产品产地认定与产品认证现场检查报告》及时报送部直各业务对口分中心复审。

未通过初审的,书面告知地县级工作机构通知申请人整改、补充材料。

(6)本工作流程规范未对无公害农产品产地认定和产品认证作调整的内容,仍按照原有无公害农产品产地认定与产品认证相应规定执行。

(7)农业部农产品质量安全中心　审核颁发《无公害农产品证书》前,申请人应当获得《无公害农产品产地认定证书》或者省级工作机构出具的产地认定证明。

第三节　绿色食品认证

一、绿色食品概念与特征

(一)绿色食品概念

过去提到绿色,象征的是希望,而以绿色代表无污染则是在1989年绿色食品概念提出之后,才被广泛应用于各行各业,出现了绿色建材、绿色照明等一系列冠以绿色的名词,绿色食品事业的一个重要贡献就是创造了一个引领消费的新概念。

绿色食品是指产自优良环境,按照规定的技术规范生产,实行全程质量控制,无污染、安全、优质并使用专用标志的食用农产品及加工品。开发绿色食品是人类注重保护生态环境的产物,是社会进步和经济发展的产物,也是人们生活水平提高和消费观念改变的产物。

绿色食品标志由3部分构成,即上方的太阳、下方的叶片和中心的蓓蕾,分别代表了生态环境、植物生长和生命的希望。标志为正圆形,意为保护、安全。1992年,国家工商行政管理局、农业部联合发布关于依法使用、保护"绿色食品"商标标志的通知,规定农业部统一负责"绿色食品"标志的颁发和使用管理。

1996 年,绿色食品标志作为我国第一例质量证明商标,在国家工商行政管理局注册成功。2008 年 6 月 24 日,中国绿色食品发展中心的绿色食品证明商标国际注册通过了美国的核准保护,并颁发了注册证,国际注册号为 903964,美国注册号为 3453928,注册有效期为 2006 年 2 月 24 日至 2016 年 2 月 24 日,注册类别为第 5 类(婴儿食品)、第 29 类(肉、蛋、奶及乳制品、家禽、干制水果蔬菜、水产品等)、第 30 类(面粉及制品、米、五谷杂粮、茶、咖啡、可可、糖、蜂蜜等)、第 31 类(谷物及农产品)、第 32 类(啤酒、不含酒精饮料)和第 33 类(含酒精饮料)共 6 大类。至此,绿色食品商标已在日本、中国香港地区和美国成功注册,并得到了有效的法律保护。其他主要贸易国的注册工作正在进行中。

经国家工商行政管理局核准注册的绿色食品质量证明商标共四种形式,分别为绿色食品标志商标、绿色食品中文文字商标、绿色食品英文文字商标及绿色食品标志、文字组合商标,这一质量证明商标受《中华人民共和国商标法》及相关法律法规保护。标志图形核定使用商品类别为第 1、2、3、5、29、30、31、32、33 共九大类,中文文字商标、英文文字商标及标志图形组合商标仅注册了后 8 类,不包括第一类肥料商品。商标注册证号从第 892107 至第 892139 号,共 33 件。商标注册人为中国绿色食品发展中心。

绿色食品商标作为质量证明商标具有以下特点。

(1)绿色食品商标专用权。只有中国绿色食品发展中心许可,企业才能在自己的产品上使用绿色食品商标标志。

(2)绿色食品商标的限定性。只有绿色食品商标注册的四种商标形式受法律保护;只能在注册的九大类商品上使用。

(3)绿色食品商标的地域性。在中华人民共和国、日本、中国香港、美国等已注册的国家和地区受到保护。

（4）绿色食品商标的时效性。1996 年 11 月 7 日至 2016 年 10 月 21 日。有效期满须申请续展注册。

（5）绿色食品商标的注册人"中国绿色食品发展中心"只有商标的许可权和转让权，没有商标使用权。

（二）绿色食品特征

绿色食品与普通食品相比有 3 个显著的特征。

（1）强调产品出自最佳生态环境。绿色食品生产从原料产地的生态环境入手，通过对原料产地及其周围的生态环境因子严格监测，判定其是否具备生产绿色食品的基础条件，而不是简单地禁止生产过程中化学合成物质的使用。这样既可以保证绿色食品生产原料和初级产品的质量，又有利于强化企业和农民的资源和环境保护意识，将农业和食品工业发展建立在资源和环境可持续利用的基础上。

（2）对产品实行全程质量控制。绿色食品生产实施"从土地到餐桌"全程质量控制，而不是简单地依靠最终产品有害成分含量和卫生指标的测定，从而在农业和食品生产领域树立了全新的质量观。通过产前环节的环境监测和原料检测，产中环节具体生产、加工操作规程的落实，以及产后环节产品质量、卫生指标、包装、保鲜、运输、储藏、销售控制，确保绿色食品的整体产品质量，并提高整个生产过程的技术含量。

（3）对产品依法实行标志管理。绿色食品标志是一个质量证明商标，属知识产权范畴，受《中华人民共和国商标法》保护。政府授权专门机构管理绿色食品标志，这是一种将技术手段和法律手段有机结合起来的生产组织和管理行为，而不是一种自发的民间自我保护行为。对绿色食品产品实行统一、规范的标志管理，不仅使生产行为纳入了技术和法律监控的轨道，而且使生产者明确了自身和对他人的权益责任，同时也有利于企业争创名牌，树立名牌商标保护意识，提高企业和产品社会知名度和影响力。

由此可见,绿色食品概念不仅表述了绿色食品产品的基本特性,而且蕴含了绿色食品特定的生产方式、独特的管理模式和全新的消费观念,同时也表明,开发绿色食品是一项利国利民、造福子孙的事业。

二、绿色食品标准

绿色食品产品标准包括质量标准和卫生标准两部分。均参照有关国际、国家、部门、行业标准制定,通常高于或等同现行标准,有些还增加了检测项目。

(一)绿色食品的卫生标准

绿色食品也是食品,它首先必须符合食品基本的卫生标准。绿色食品执行的卫生标准是参照有关国家、部门、行业的食品卫生标准制定的,通常高于一般的食品现行卫生标准,有些增加了新的检测项目。绿色食品卫生标准一般分为 3 部分:农药残留、有害重金属和细菌等。

农药残留:通过检测杀螟硫磷、倍硫磷、敌敌畏、乐果、马拉硫磷、对硫磷、六六六、DDT、二氧化硫等物质的含量来衡量。

有害重金属:我国的农药残留问题仍然比较严重,绿色食品化学农药的使用必须符合《生产绿色食品的农药使用准则》,对环境及人体健康造成危害的主要是含有汞、砷、铜、铅等重金属农药、有机磷农药和有机氯农药。

细菌:致病性细菌污染食物后,可以在食物里大量繁殖或产生毒素,人们吃了这种含有大量致病菌或毒素的食物会引起食物中毒现象。能引起食物中毒的细菌主要有沙门氏菌、副溶血性弧菌(嗜盐菌)、葡萄球菌、变形杆菌、肉毒杆菌等。一些致病性大肠杆菌、蜡样杆菌、韦氏杆菌、志贺菌等也可引起细菌性食物中毒。另外,自然界中有 100 多种对人的身体健康有害的真菌(包括霉菌),可导致食物中毒。例如,黄曲霉毒素污染是全球性的问题,黄曲霉毒素是目前发现最强的致癌物质,主要污染粮食、油料及其制品。黄曲霉毒素属于剧毒,毒性比 KCN 大 10倍,为砒霜的 68 倍。大剂量黄曲霉毒素可引起人和动物的急性中毒,其病变主要发生在肝脏,呈现肝细胞变性、坏死和出血。研究发现,凡是食物中黄曲霉毒素污染严重和实际摄入量较高的国家和地区,人的肝癌发病率亦较高。

(二)绿色食品产品的包装和贮运标准

取得绿色食品标志使用资格的单位,应将绿色食品标志用于产品的内外包装。绿色食品的包装应符合《绿色食品标志设计标准手册》的要求。产品包装材料从原料、产品制造、使用、回收和废弃的整个过程都应符合环境保护的要求。尽量减少能耗,避免废弃物的产生,选择可降解、易回收利用的原料等,防止最终产品遭受污染、防止过度包装和资源浪费,同时还要有利于消费者的使用和识别。绿色食品产品标签,除符合国家的《食品标签通用标准》要求外,还要符合《中国绿色食品商标标志设计使用规范手册》的要求。该手册对绿色食品标志的标准图形、标准字体、图形与字体的规范组合、标准色、广告用语及用于食品系列化包装的标准图形、编号规范均做了严格规定,同时列举了应用示例。绿色食品包装的规范见包装通用准则(NY/T 658—2002)。

绿色食品储藏运输准则(NY/T 1056—2006)对绿色食品储藏、运输的条件、方法、时间做出了规定,以保证绿色食品在储运过程中不遭受污染、不改变品质,并有利于环保和节能。

(三)其他相关标准

除了以上绿色食品质量控制的技术标准外,绿色食品还有一些促进质量控制管理工作的辅助性标准,包括绿色食品产品抽样准则(NY/T 896—2004)和绿色产品检验规则(NY/T 1055—2006)等。

三、绿色食品认证程序

绿色食品标志申报工作是绿色食品标志管理工作的第一步,也是至关重要的一步。为了规范绿色食品的认证工作,中国绿色食品发展中心(以下简称"中心")依据《绿色食品标志管理办法》,制定了绿色食品的认证程序。凡具有绿色食品生产条件的国内生产企业如需在其生产的产品上使用绿色食品标志,必须按以下的程序提出申请。境外企业申请使用绿色食品标志有特殊的规定。

(一)认证申请

(1)申请人向中心及其所在省(自治区、直辖市)绿色食品办公室、绿色食品发展中心(以下简称省绿办)领取《绿色食品标志使用申请书》、《企业及生产情况调查表》及有关资料,或从中国绿色食品发展中心网站(网址:www.greenfood.org.cn)下载。

(2)申请人填写并向所在省绿办递交《绿色食品标志使用申请书》、《企业及生产情况调查表》及以下材料。

①保证执行绿色食品标准和规范的声明。

②生产操作规程(种植规程、养殖规程、加工规程)。

③公司对"基地+农户"的质量控制体系(包括合同、基地图、基地和农户清单、管理制度)。

④产品执行标准。

⑤产品注册商标文本(复印件)。

⑥企业营业执照(复印件)。

⑦企业质量管理手册。

⑧要求提供的其他材料(通过体系认证的,附证书复印件)。

(二)受理及文审

(1)省绿办收到上述申请材料后,进行登记、编号,5个工作日内完成对申请认证材料的审查工作,并向申请人发出《文审意见通知单》,同时抄送中心认证处。

(2)申请认证材料不齐全的,要求申请人收到《文审意见通知单》后 10 个工作日提交补充材料。

(3)申请认证材料不合格的,通知申请人本生长周期不再受理其申请。

(4)申请认证材料合格的,执行(三)。

(三)现场检查、产品抽样

(1)省绿办应在《文审意见通知单》中明确现场检查计划,并在计划得到申请人确认后委派 2 名或 2 名以上检查员进行现场检查。

(2)检查员根据《绿色食品检查员工作手册》(试行)和《绿色食品产地环境质量现状调查技术规范》(试行)中规定的有关项目进行逐项检查。每位检查员单独填写现场检查表和检查意见。现场检查和环境质量现状调查工作在 5 个工作日内完成,完成后 5 个工作日内向省绿办递交现场检查评估报告和环境质量现状调查报告及有关调查资料。

(3)现场检查合格,可以安排产品抽样。凡申请人提供了近一年内绿色食品定点产品监测机构出具的产品质量检测报告,并经检查员确认,符合绿色食品产品检测项目和质量要求的,免产品抽样检测。

(4)现场检查合格,需要抽样检测的产品安排产品抽样。

①当时可以抽到适抽产品的,检查员依据《绿色食品产品抽样技术规范》进行产品抽样,并填写《绿色食品产品抽样单》,同时将抽样单抄送中心认证处。特殊产品(如动物性产品等)另行规定。

②当时无适抽产品的,检查员与申请人当场确定抽样计划,同时将抽样计划抄送中心认证处。

③申请人将样品、产品执行标准、《绿色食品产品抽样单》

和检测费寄送绿色食品定点产品监测机构。

（5）现场检查不合格，不安排产品抽样。

（四）环境监测

（1）绿色食品产地环境质量现状调查由检查员在现场检查时同步完成。

（2）经调查确认，产地环境质量符合《绿色食品产地环境质量现状调查技术规范》规定的免测条件，免做环境监测。

（3）根据《绿色食品产地环境质量现状调查技术规范》的有关规定，经调查确认，必要进行环境监测的，省绿办自收到调查报告2个工作日内以书面形式通知绿色食品定点环境监测机构进行环境监测，同时将通知单抄送中心认证处。

（4）定点环境监测机构收到通知单后，40个工作日内出具环境监测报告，连同填写的《绿色食品环境监测情况表》，直接报送中心认证处，同时抄送省绿办。

（五）产品检测

绿色食品定点产品监测机构自收到样品、产品执行标准、《绿色食品产品抽样单》、检测费后，20个工作日内完成检测工作，出具产品检测报告，连同填写的《绿色食品产品检测情况表》，报送中心认证处，同时抄送省绿办。

（六）认证审核

（1）省级绿色食品办公室收到检查员现场检查评估报告和环境质量现状调查报告后，3个工作日内签署审查意见，并将认证申请材料、检查员现场检查评估报告、环境质量现状调查报告及《省绿办绿色食品认证情况表》等材料报送中心认证处。

（2）中心认证处收到省绿办报送材料、环境监测报告、产品检测报告及申请人直接寄送的《申请绿色食品认证基本情况调查表》后，进行登记、编号，在确认收到最后一份材料后2个工作日内下发受理通知书，书面通知申请人，并抄送省绿办。

（3）中心认证处组织审查人员及有关专家对上述材料进行审核,20个工作日内做出审核结论。

（4）审核结论为"有疑问,需现场检查"的,中心认证处在2个工作日内完成现场检查计划,书面通知申请人,并抄送省绿办。得到申请人确认后,5个工作日内派检查员再次进行现场检查。

（5）审核结论为"材料不完整或需要补充说明"的,中心认证处向申请人发送《绿色食品认证审核通知单》,同时抄送省绿办。申请人需在20个工作日内将补充材料报送中心认证处,并抄送省绿办。

（6）审核结论为"合格"或"不合格"的,中心认证处将认证材料、认证审核意见报送绿色食品评审委员会。

（七）认证评审

（1）绿色食品评审委员会自收到认证材料、认证处审核意见后10个工作日内进行全面评审,并做出认证终审结论。

（2）认证终审结论分为两种情况。

①认证合格。

②认证不合格。

（3）结论为"认证合格",执行第（八）。

（4）结论为"认证不合格",评审委员会秘书处在做出终审结论,2个工作日内,将《认证结论通知单》发送申请人,并抄送省绿办。本生产周期不再受理其申请。

（八）颁证

（1）中心在5个工作日内将办证的有关文件寄送"认证合格"申请人,并抄送省绿办。申请人在60个工作日内与中心签订《绿色食品标志商标使用许可合同》。

（2）中心主任签发证书。

第四节　有机食品认证

一、有机农业与有机食品概念

（一）有机农业的概念

有机农业是指在农业生产中按照生态学原理和自然规律，遵循土壤、植物、动物、微生物、人类、生态系统和环境之间动态相互作用的原则，协调种植业和养殖业的平衡，采用一系列可持续发展的农业技术，维持持续稳定的农业生产过程的一种农业生产方式。

在有机农业生产中，禁止使用化学合成的农药、化肥、生长调节剂、饲料添加剂等物质，也禁止采用基因获得的生物及其产物以及离子辐射技术，提倡建立包括豆科植物在内的作物轮作体系，利用秸秆还田、种植绿肥和利用动物粪便等措施培肥土壤，保持养分循环；要求选用抗性作物品种，采取物理的和生物的措施防治病虫草害，鼓励采用合理的耕作措施，保护生态环境，防止水土流失，保持生态体系及周围环境的生物多样性和基因多样性等。

有机农业在哲学上强调"与自然秩序相和谐""天人合一，物土不二"，强调适应自然而不干预自然；在手段上主要依靠自然的土壤和自然的生物循环；在目标上追求生态的协调性，资源利用的有效性，营养供应的充分性。因此，有机农业是产生于一定社会、历史和文化背景下，吸收了传统农业精华，运用生物学、生态学和农业科学原理和技术发展起来的农业可持续发展类型。有机农业的核心是建立和恢复农业生态系统的生物多样性和良性循环，以促进农业的可持续发展。

（二）有机食品的概念

2005 年颁布的国家标准《有机产品》（GB/T 19630—2005）

将有机食品纳入到有机产品中,而农业部推行的"三位一体、整体推进"的工作格局中为"有机农产品",国外普遍称谓为"有机食品"。鉴于我国目前有机认证以农产品和初加工农产品为主,为了表述方便,除特别说明外,将有机产品、有机农产品统称为"有机食品"。

"有机食品"是指以获得有机认证的农产品或野生产品为原料,按照有机食品生成、加工标准生产加工出来,并经有资质的有机认证机构认证的食品。

有机食品包括谷物、蔬菜、水果、饮料、奶类、畜禽产品、调料、油类、食用菌、蜂蜜、水产品等。

有机食品的最大特点是在原料生产与产品加工过程中不使用任何人工合成的农药、化肥、除草剂、生长激素、防腐剂和合成添加剂等化学物质。

有机食品通常需要具备以下 4 个条件。

①原料必须来自于已建立的有机农业生产体系,或是采用有机方式采集的野生天然产品。

②在整个产品生产过程中严格遵循有机食品的加工、包装、储藏、运输标准。

③生产者在有机食品生产和流通过程中,有完善的质量控制和跟踪审查体系,有完整的生产和销售记录档案。

④必须通过有资质的有机认证机构的认证。

当然除了有机食品外,还有有机化妆品、有机林产品、有机农业生产投入物质(生物农药、有机肥等)、有机纺织品、有机皮革产品等非食品类的有机产品。在国外甚至已经有了获得有机认证的餐厅和旅馆。

(三)有机产品标志及涵义

"中国有机产品标志""中国有机转换产品标志"的主要图案由 3 部分组成,即外围的圆形、中间的种子图形及其周围的环形线条。标志外围的圆形形似地球,象征和谐、安全,圆形中的

"中国有机产品"和"中国有机转换产品"字样为中英文结合方式,既表示中国有机产品与世界同行,也有利于国内外消费者识别。

标志中间类似种子的图形代表生命萌发之际的勃勃生机,象征了有机产品是从种子开始的全过程认证,同时昭示出有机产品就如同刚刚萌生的种子,正在中国大地上茁壮成长。

种子图形周围圆润自如的线条象征环形的道路,与种子图形合并构成汉字"中",体现出有机产品植根中国,有机之路越走越宽广。同时,处于平面的环形又是英文字母"C"的变体,种子形状也是"O"的变形,意为"China Organic"。

绿色代表环保、健康,表示有机产品给人类的生态环境带来完美与协调。橘红色代表旺盛的生命力,表示有机产品对可持续发展的作用。"中国有机转换产品认证标志"中的褐黄色代表肥沃的土地,表示有机产品在肥沃的土壤上不断发展。

二、有机食品认证程序

有机食品认证属于产品认证的范畴,虽然各认证机构的认证程序有一定差异,但根据《中华人民共和国认证认可条例》、国家质量监督检验检疫总局《有机产品认证管理办法》、国家认证认可监督管理委员会《有机产品认证实施规则》和中国认证机构国家认可委员会《产品认证机构通用要求:有机产品认证的应用指南》的要求以及国际通行做法,有机食品认证的模式通常为"过程检查 + 必要的产品和产地环境检测 + 证后监督"。认证程序一般包括认证申请和受理、检查准备与实施、合格评定和认证决定、监督与管理这些主要流程。广义的有机食品除包括可食用的有机食品外,还包括农药、肥料、饲料添加剂、兽药、渔药等农业生产资料及其他产品,其认证程序与有机食品的认证程序相同。

（一）申请与受理

1. 认证机构公开信息

在认证申请和受理阶段,对于认证机构来说,应当向所有申请者公开如下信息。

（1）国家认证认可监督管理委员会批准的认证范围和中国认证机构国家认可委员会认可的认证范围。

（2）认证程序和认证要求。

（3）认证依据标准。

（4）认证收费标准。

（5）认证机构和申请人的权利、义务。

（6）认证机构处理申诉、投诉和争议的程序。

（7）批准、暂停和撤销认证的规定和程序。

（8）对获证单位或者个人使用中国有机产品标志、中国转换期有机产品标志、认证机构的标识和名称的要求。

（9）对获证单位或者个人按照认证证书的范围进行正确宣传的要求。

在申请者明确认证意向时,认证机构向消费者发放申请书和调查表等相关资料。为了便于比较全面、准确地了解申请者关于认证的基本情况,认证机构一般都备有固定格式的申请表和农场、加工厂、流通贸易等基本情况调查表。

2. 申请者提交材料

对于申请有机食品认证的单位或者个人,根据有机食品生产或者加工活动的需要,可以向有机食品认证机构申请有机食品生产认证或者有机食品加工认证。根据《有机产品认证管理办法》和《有机产品认证实施细则》等的规定,申请者应当向有机食品认证机构提出书面申请,并提交下列材料。

（1）申请人的合法经营资质文件,如土地使用证、营业执照、租赁合同等;当申请人不是有机食品的直接生产或加工者时,申请人还需要提交与有机食品供应方签订的书面合同。

(2)申请人及有机生产、加工的基本情况,包括申请人及其生产者名称、地址、联系方式;产地(基地)或加工场所的名称、基本情况;过去三年间的生产历史,包括对农事、病虫草害防治、投入物使用及收获情况的描述;生产、加工规模,包括品种、面积、产量、加工量等描述;申请和获得其他有机食品认证情况。

(3)产地(基地)区域范围描述,包括地理位置图、地块分布图、地块图、面积、缓冲带,周围临近地块的情况说明等;加工场所周边环境描述、厂区平面图、工艺流程图等。

(4)申请认证的有机食品生产、加工、销售计划,包括品种、面积、预计产量、加工产品品种、预计加工量、销售产品品种和计划销售量、销售去向等。

(5)产地(基地)、加工场所有关环境质量的证明材料。

(6)有关专业技术和管理人员的资质证明材料。

(7)保证执行有机食品标准的声明。

(8)有机生产、加工的管理体系文件。

(9)其他相关材料。

个体小农户一般采取团体认证的形式申请认证。如果多个农户在同一地区从事农业生产,这些农户都愿意以有机方式开展生产,并且建立了严密的组织管理体系和内部检查体系,可以保证有机生产措施得到有效实施,那么这些农户所拥有的土地可以被看做是一个整体的独立的农场。小农户组织管理体系,可以是按章程组织起来的农民专业生产协会或专业生产合作社等农民合作组织,也可以是按契约关系与"农业龙头企业"组成的"农户 + 基地 + 企业"利益共同体,还可以是按其他形式有效组成的组织。

在此期间,认证机构一方面应当对申请者提出的认证申请进行评审,重点关注申请是否符合有机认证基本要求和相关文件及资料是否齐全,明确该申请是否符合申请条件;另一方面,明确该申请是否处在本认证机构的认可范围、能力范围或资源范围之内,完成该项认证所需的资源和时间等,在规定的时间内做出是否受理的决定。在此基础上,认证机构和申请者之间应当签订正式的书面认证协议,明确认证依据、认证范围、认证费用、现场检查日期、双方责任、证书使用规定、违约责任等事项。

(二)检查准备与实施

认证协议签订后,认证机构即安排相关人员对该项认证进行策划,根据申请者的专业特点和性质确定认证依据,选择并委派进行现场检查的检查员组成检查组,必要时配备相应的技术专家。

1. 检查准备

认证机构应向检查员提供充分的信息,以便检查员为检查实施做适当准备。认证机构或检查组一般要对申请者提交的有机食品认证所需的文件资料的符合性、完整性、充分性进行审核和基本判定,文件审核时重点关注有机生产技术规程、有机加工操作规程、与保持有机完整性有关的基本情况及其控制程序、产品检测报告以及法律法规的基本要求等,将审核意见编制成文件审核报告,并提交给申请者。若申请者的文件不能完全符合要求时,一般要求申请者在双方确定的现场检查日期前将文件审核报告中提出的不符合全部纠正完毕,也可能安排检查员在现场检查中进行验证。

现场检查包括例行检查和非例行检查。例行检查包括首次认证检查和例行换证检查,也称监督检查,例行检查每年至少一次。非例行检查是在获证者中按一定比例随机抽取检查对象、或对被举报对象进行的不通知检查,也称飞行检查。对于产地(基地)的首次检查,检查范围应不少于2/3的生产活动范围。对于多农户参加的有机生产,访问的农户数不少于农户总数的平方根。

检查组根据文件审核评审的结果和相关信息,对现场检查进行策划,与受检查方保持密切的沟通,确定检查的范围、场所、日期及检查组的分工等,一般以书面形式将现场检查计划通知受检查方并获得确认。

对受检查方的有机生产或加工场所进行现场检查是有机食品认证的核心环节。检查通常在认证产品的收获前或加工期间进行。特别是对农产品的检查,应在作物和畜禽的收获或屠宰以前进行。

2. 现场检查

现场检查的主要工作内容是对受检查方的有机生产和加工、包装、仓储、运输、销售等过程及其场所进行检查和核实,评价这些过程是否符合认证依据的要求、技术措施和管理体系能否保证有机食品的质量,评估是否存在破坏有机完整性的风险,审核记录保持系统是否具有可追索性,收集与支持认证决定有关的证据和材料等。

现场检查的另一项重要工作是对受检查方的有机生产或加工的能力和规模进行核实,核算认证年度中有机作物、畜禽等生产或加工产品的种类及其数量,以便在有机食品证书上予以明确界定。

现场检查包括对转换期的追溯核查、分离生产、平行生产、转基因产品的核查,也包括对特殊情况和范围的检查如小农户的检查、投入物的核查等,确认生产、加工过程与认证依据标准的符合性。检查过程至少应包括:

(1)对生产地块、加工、贮藏场所等的检查。

(2)对生产管理人员、内部检查人员、生产者的访谈。

(3)对 GB/T 19630.4—2005:《有机产品第 4 部分:管理体系》4.2.6 条款所规定的生产、加工记录的检查。

(4)对追踪体系的评价。

(5)对内部检查和持续改进的评估。

（6）对产地环境质量状况及其对有机生产可能产生污染的风险的确认和评估。

（7）必要时,对样品采集与分析。

（8）使用时,对上一年度认证机构提出的整改要求执行情况进行检查。

（9）在结束检查前,对检查情况进行总结,明确存在的问题,并确认整改的方式和期限等,同时允许被检查方对存在的问题进行说明。

（10）在完成现场检查后,根据现场检查发现,编制并向认证机构提交公正、客观和全面的关于认证要求符合性的检查报告。

（三）合格评定与认证决定

认证机构应根据评价过程中收集的信息、检查报告和其他有关信息,评价所采用的标准等认证依据及法律法规的适用性和符合性、现场检查的合理性和充分性、检查报告及证据和材料的客观性、真实性和完整性等,并重点进行有机生产和加工过程符合性判定、产品质量安全符合性判定以及产品质量是否符合执行标准的要求,最终做出能否发放证书的决定。

申请人的生产活动及管理体系符合认证标准的要求,认证机构予以批准认证。生产活动、管理体系及其他相关方面不完全符合认证标准的要求,认证机构提出整改要求,申请人已经在规定的期限内完成整改,或已经提交整改措施并有能力在规定的期限内完成整改以满足认证要求的,认证机构经过验证后可批准认证。

1. 不予颁证

申请人的生产活动存在以下情况之一,认证机构不予批准认证。

（1）未建立管理体系,或建立的管理体系未有效实施。

（2）使用禁用物质。

（3）生产过程不具有可追溯性。

（4）未按照认证机构规定的时间完成整改，提交整改措施，或所提交的整改措施未满足认证要求。

（5）其他严重不符合有机标准要求的事项。

认证机构应当按照认证依据的要求及时做出认证结论，并保证认证结论的客观、真实。对不符合认证要求的，应当书面通知申请人，并说明理由。根据相关认可准则的规定，认证决定可以由认证机构委托的一组人（一般称作颁证委员会、技术委员会）或某个人做出。认证机构应当对其做出的认证结论负责。

2. 颁发证书

对符合有机食品认证要求的，认证机构应当向申请人出具有机食品认证证书，并准许其使用有机食品认证标志。属于有机食品转换期间的产品，证书中应当注明"转换"字样和转换期限，并应当使用注明"转换"字样的有机食品认证标志。有机食品认证证书的有效期为一年。

虽然各认证机构证书的式样和格式有所区别，但证书的主要内容都包括以下几个方面。

（1）获证单位或个人名称、地址。

（2）获证产品的数量、产地面积和产品种类。

（3）有机食品认证的类别。

（4）依据的标准或者技术规范。

（5）有机食品认证标志的使用范围、数量、使用形式或者方式。

（6）颁证机构、颁发日期、有效期和负责人签字。

（7）属于有机食品转换期间的，注明"转换"字样和转换期限。

（四）监督和管理

有机食品认证证书有效期通常为一年。获证者应在有效期期满前向认证机构申请年度换证,认证机构将由此启动监督换证检查程序。认证机构应当按照规定对获证单位和个人、获证产品及生产、变更情况等进行有效跟踪检查,即年度换证例行检查。例行检查至少一年一次。

申请人应及时就产品更改、生产过程更改或区域扩大、管理权或所有权等更改通知认证机构。

监督检查还包括非例行检查,非例行检查不应事先通知。非例行检查的对象和频次等可基于有关认可规则和认证机构对风险的判断及来源于社会、政府、消费者对获证产品的信息反馈。

根据需要定期或不定期进行产地(基地)环境检测和产品样品检测,保证认证、检测结论能够持续符合认证要求。

根据有关规定,认证机构在发放证书时应当告知获证者有关保持认证、证书变更、重新申请、证书撤销、注销、暂停等管理规定和事项。

1. 保持认证

获证者在有机食品认证证书有效期期满前,应向认证机构申请,履行保持认证的相关程序。

(1)申请人提出申请,领取相关文件,按《有机食品生产技术准则》的要求,完善本企业的质量管理体系、质量保证体系的技术措施和质量信息追踪及处理体系。

(2)认证机构制定检查计划和核算认证费用(该费用可能与上一年费用不同)之后,向企业寄发《受理通知书》。

(3)检查员依据《有机食品生产技术准则》的要求,对申请人的质量管理体系、生产过程控制体系、追踪体系以及产地、生产、加工、仓储、运输、贸易等进行实地检查评估,尤其是申请人对上一年颁证整改要求的完成落实情况进行核实检查。必要时,检查员需对土壤、产品抽样,由检查员和申请人共同封样,将样品送指定的质检机构检测。

(4)检查员完成检查后按要求编写检查报告。认证机构根据申请人提供的保持认证调查表等相关材料以及检查员的检查报告和样品检验报告等进行综合审查评估,做出同意颁证、有条件颁证、有机转换颁证或拒绝颁证等决定。证书有效期为一年,并同时办理有机食品商标的使用手续。

2. 证书变更

获证者在有机食品认证证书有效期内,发生下列情形之一的,应当向认证机构办理变更手续。

(1)获证单位或者个人、有机食品生产、加工单位或者个人发生变更的。

(2)产品种类变更的。

(3)有机食品转换期满,需要变更的。

3. 重新申请证书

获证者在有机食品认证证书有效期内,发生下列情形之一的,应当向有机食品认证机构重新申请认证。

(1)产地(基地)、加工场所或者经营活动发生变更的。

(2)其他不能持续符合有机食品标准、相关技术规范要求的。

4. 证书撤销、注销、暂停的规定

获证者发生下列情形之一的,认证机构应当及时做出暂停、注销、撤销认证证书的决定。

(1)获证产品不能持续符合标准、技术规范要求的。

(2)获证单位或者个人、有机食品生产、加工单位发生变更的。

(3)产品种类与证书不相符的。

(4)证书超过有效期的。

(5)未按规定加施或者使用有机食品标志的。

对于撤销和注销的证书,有机食品认证机构应当予以收回。

第五节　农产品地理标志登记

一、农产品地理标志保护概述

我国加入 WTO 后,"地理标志"作为一项知识产权越来越被国人所关注。相对知识产权体系的其他领域,地理标志对很多人来说似乎很陌生。但事实上,地理标志对社会大众来说是接触最多、感受最直接的知识产权之一,因为它与人们日常生活最基本和最经常接触的农产品及食品的关系最为密切,只是过去在我国没有将地理标志作为一种知识产权认识、对待以及加以制度性规定。通俗地讲,地理标志就是用商品的地理来源名称标示商品特性及声誉的标记,国际上被广泛运用于农产品及食品、传统的工业产品和手工艺品等诸多领域。对地理标志进行法律保护最主要的原因,是在于商品所具有的特性及声誉与其来源的地理及人文因素有不可替代的关联性,因而具有独特的商业价值,从而成为推销产品的一种有力工具,能给权利人带来竞争优势和经济利益。

(一)农产品地理标志概念的形成及内涵

(1)地理标志概念的形成。"地理标志"(又译为地理标记)概念是在产地标记、原产地名称概念的基础上,通过长期发展,目前被普遍接受的一个概念。人类社会从自然经济向商品经济转变中,一开始进入交换及贸易的产品,主要是农副土特产品,或者是以农产品为原料、与当地特定条件及独特工艺密切相关的初级加工品;这些产品中大多数用以相互区别的方式及标志主要是产地名称。因此,在这种交易过程中,当某种产品的品质、质量及特色得到人们的认知接受,其产地的名称往往就成为这种产品的代称。这也是我国及世界各国许多传统名、特、优农产品形成的过程,也正是地理标志的渊源和背景。

1883 年《保护工业产权巴黎公约》提到了对"产地标记"的保护。1891 年《制止虚假或欺诈性商品产地标记马德里协定》也提到了各国可以在进口时扣押带有虚假或欺骗性"产地标记"的商品。1958 年里斯本外交会议通过了《原产地名称保护及其国际注册里斯本协定》，该协定将原产地名称定义为"某个国家、地区或地方的地理名称，用于指示某项产品来源于该地，其质量或特征完全或主要取决于地理环境，包括自然和人为因素。"

世贸组织于 1994 年通过的《与贸易有关的知识产权协议》（TRIPS 协议）采用了"地理标志"这一概念，其中第二十二条第一款规定："本协议的地理标志系指下列标志：其标示出某商品来源于某成员地域内，或来源于该地域中某地区或某地方，该商品的特定质量、信誉或其他特征，主要与该地理来源相关联。"

我国在 2001 年 10 月新修订的《商标法》中也增加了地理标志的有关内容，其中，第十六条第二款明确规定，"前款所称地理标志，是指标示某商品来源于某地区，该商品的特定质量、信誉或者其他特征，主要由该地区的自然因素或者人文因素所决定的标志。"

由此，可从 3 个方面把握地理标志的含义：第一，它是表示商品地理来源的标志，即自然属性；第二，此类商品往往具有特定的品质、信誉或其他特征，即核心属性；第三，此商品特定的品质、信誉或其他特征与该地理来源有一定程度的因果联系，即该商品的品质等主要由此地理来源的自然因素或人文因素所决定，也就是它的附加属性。

（2）农产品地理标志的概念。农业部于 2007 年 12 月 25 日颁布了《农产品地理标志管理办法》，并于 2008 年 2 月 1 日起施行。该办法中对农产品地理标志做出了明确定义："农产品地理标志是指标示农产品来源于特定地域，产品品质和相关特征主要取决于自然生态环境和历史人文因素，并以地域名称冠名的特有农产品标志。"此处所称的农产品是指来源于农业的初级产品,即在农业活动中获得的植物、动物、微生物及其产品。

(3)农产品地理标志的图形及含义。农产品地理标志公共标识基本图案(图4-1)由中华人民共和国农业部中英文字样、农产品地理标志中英文字样、麦穗、地球、日月等元素构成。公共标识的核心元素为麦穗、地球、日月相互辉映,麦穗代表生命与农产品,同时从整体上看是一个地球在宇宙中的运动状态,体现了农产品地理标志和地球、人类共存的内涵。标识的颜色由绿色和橙色组成,绿色象征农业和环保,橙色寓意丰收和成熟。

图4-1　农产品地理标志公共标识图案

(二)地理标志与商标的区别

地理标志和商标都是并列的特殊形态的知识产权。地理标志不仅从属于人的创造力和劳动,同时还从属于地域、气候、水、土壤等自然条件;而商标只从属于人,与自然条件无关。商标是区别商品不同特征的一种专用标志。标志可以注册为商标,但标志决不等于商标,商标只是标志的一类。

地理标志与商标的区别是非常明显的。

首先,商标制度无法解决地理标志的产权归属问题。如前所述,地理标志是一个地域的名称,属于这个地域共有,而不能属于某个特定的企业或公民个人单独享有。由地理、人文、历史文化遗产组合构成的产品的无形资产应当由国家所有,这一地域的企业或组织只拥有其使用权。

商标本质上是一种私权利,可由个人或单个企业所有。如果把地理标志作为商标交由个人、单个企业或协会持有,就无法保证地理标志地域内的其他企业公平竞争,有可能会引起产权纠纷。

其次,商标无法保证地理标志产品特征的唯一性。地理标志在空间上,只从属于特定的地域和特定的自然地理条件,具有唯一性,不允许任意转让和买卖。在时间上,地理标志具有永久性,只要自然地理条件不变,产品特性不变,法律制度不变,就可以继续使用,甚至永久使用。而商标则不仅可以由任何厂商持有,而且可以跨地区、跨国进行买卖、转让、许可使用,不仅无法保护地理标志地域内企业的利益,而且还可能会造成产地误导,侵害消费者的利益,更无法保证产品的质量和信誉。在时间上,商标的使用是有限制的,按有关规定,商标注册有效期满不申请续展的,商标将被注销。

再次,在管理制度和方法上,商标制度无法保证产品的质量和信誉。商标注册仅仅是一种权利人得到某种机关认可的声明程序,如同婚姻登记并不保证爱情生活质量一样,商标注册登记本身也不保证产品的质量和信誉。而以法国为例的原产地域(地理标志)产品保护制度,显然可以使产品的质量和信誉得到充分保障。通过制定法律、标准、技术法规、操作规程和运用检验、检疫等手段,对原料生产、加工、制作到销售进行全方位、全过程的监督管理,从而有效保证产品优良品质。

在国际范围的保护也是如此。如果作为商标,要保护就要到国外申请注册,这不仅难以避免恶意抢注问题,而且会带来保护成本高昂的经济问题。地理标志按照《与贸易有关的知识产权协议》(TRIPS协议),由于其地理文化遗产的排他性,可在WTO成员范围内自动得到承认和保护。

最后,按照国际惯例,地理标志原则上不能用作注册商标。TRIPS 协议第二十三条第三款规定:如果申请注册的商标中"含有误导公众对商品的真正来源地产生误解"的地理标志,则成员应当依法拒绝其商标注册的申请,已经注册的商标则应当予以撤销。

二、基本要求

(1)产品条件。申请地理标志登记的农产品,应当符合下列条件:①称谓由地理区域名称和农产品通用名称构成;②产品有独特的品质特性或者特定的生产方式;③产品品质和特色主要取决于独特的自然生态环境和人文历史因素;④产品有限定的生产区域范围;⑤产地环境、产品质量符合国家强制性技术规范要求。

(2)申请人要求。农产品地理标志登记申请人为县级以上地方人民政府根据下列条件择优确定的农民专业合作经济组织、行业协会等组织。该组织要具有监督和管理农产品地理标志及其产品,为地理标志农产品生产、加工、营销提供指导服务,具有独立承担民事责任等能力。

三、登记管理

(1)登记申请。符合农产品地理标志登记条件的申请人,可以向省级人民政府农业行政主管部门提出登记申请,并提交下列申请材料:①登记申请书;②申请人资质证明;③产品典型特征特性描述和相应产品品质鉴定报告;④产地环境条件、生产技术规范和产品质量安全技术规范;⑤地域范围确定性文件和生产地域分布图;⑥产品实物样品或者样品图片;⑦其他必要的说明性或者证明性材料。

(2)审查。省级人民政府农业行政主管部门自受理农产品地理标志登记申请之日起,应当在 45 个工作日内完成申请材料的初审和现场核查,并提出初审意见。符合条件的,将申请材料和初审意见报送农业部农产品质量安全中心;不符合条件的,应当在提出初审意见之日起 10 个工作日内将相关意见和建议通知申请人。

农业部农产品质量安全中心应当自收到申请材料和初审意见之日起 20 个工作日内,对申请材料进行审查,提出审查意见,并组织专家评审。经专家评审通过的,由农业部农产品质量安全中心代表农业部对社会公示。有关单位和个人有异议的,应当自公示截止日起 20 日内向农业部农产品质量安全中心提出。公示无异议的,由农业部做出登记决定并公告,颁发《中华人民共和国农产品地理标志登记证书》,公布登记产品相关技术规范和标准。

(3)证书使用。农产品地理标志登记证书长期有效。但有下列情形之一的,登记证书持有人应当按照规定程序提出变更申请:①登记证书持有人或者法定代表人发生变化的;②地域范围或者相应自然生态环境发生变化的。

四、标志使用

(1)申请。生产经营的农产品产自登记确定的地域范围、已取得登记农产品相关的生产经营资质、能够严格按照规定的质量技术规范组织开展生产经营活动、具有地理标志农产品市场开发经营能力的单位和个人,可以向登记证书持有人申请使用农产品地理标志。

(2)使用。使用农产品地理标志,应当按照生产经营年度与登记证书持有人签定农产品地理标志使用协议,在协议中载明使用的数量、范围及相关的责任义务。农产品地理标志登记证书持有人不得向农产品地理标志使用人收取使用费。

(3)农产品地理标志使用人的权利和义务。

①权利。农产品地理标志使用人可以在产品及其包装上使

用农产品地理标志,可以使用登记的农产品地理标志进行宣传和参加展览、展示及展销。

②义务。农产品地理标志使用人要自觉接受登记证书持有人的监督检查,保证地理标志农产品的品质和信誉,正确规范地使用农产品地理标志。

(4)监督管理。县级以上人民政府农业行政主管部门应当加强农产品地理标志监督管理工作,定期对登记的地理标志农产品的地域范围、标志使用等进行监督检查。登记的地理标志农产品或登记证书持有人不符合规定的,由农业部注销其地理标志登记证书并对外公告。

第六节 名牌农产品认定

一、基本条件

(一)申请人需要具备的条件

(1)申请人要具有独立的企业法人或社团法人资格,法人注册地址在中国境内。

(2)有健全和有效运行的产品质量安全控制体系、环境保护体系,建立了产品质量追溯制度。

(3)按照标准化方式组织生产。

(4)有稳定的销售渠道和完善的售后服务。

(5)最近3年内无质量安全事故。

(二)申请"中国名牌农产品"称号的产品,需要具备的条件

(1)产品符合国家有关法律法规和产业政策的规定。

(2)在中国境内生产,有固定的生产基地,批量生产至少3年。

（3）在中国境内注册并归申请人所有的产品注册商标。

（4）符合国家标准、行业标准或国际标准。

（5）市场销售量、知名度居国内同类产品前列,在当地农业和农村经济中占有重要地位,消费者满意程度高。

（6）产品质量检验合格。

（7）食用农产品应获得"无公害农产品"、"绿色食品"或者"有机食品"称号之一。

（8）开展过省级名牌认定的要求是省级名牌农产品,不是省级名牌农产品的,由省级农业行政主管部门出具本省未开展省级名牌农产品认定工作的证明。

二、认定程序

农业部成立中国名牌农产品推进委员会(以下简称名推委),负责组织领导中国名牌农产品评选认定工作,中国名牌农产品实行年度评审制度。

（1）申报范围。种植业类、畜牧业类、渔业类初级产品。

（2）申报材料。

①《中国名牌农产品申请表》。

②申请人营业执照和注册商标复印件。

③农业部授权的检测机构或其他通过国家计量认证的检测机构,按照国家或行业等标准对申报产品出具的有效质量检验报告原件。

④采用标准的复印件。

⑤申请产品获得专利的提供产品专利证书复印件及地级市以上知识产权部门对申请人知识产权有效性的意见。

⑥申请产品获得科技成果奖的,提供省级以上(含省级)政府或科技行政主管部门的科技成果获奖证书复印件。

⑦申请人获得产品认证的,提供相关证书复印件。

⑧由当地税务部门提供的税收证明复印件。

⑨其他相关证书、证明复印件。

(3)申报程序。符合条件的申请人向所在省(自治区、直辖市及计划单列市)农业行政主管部门,提交一式两份《中国名牌农产品申请表》和其他申报材料的纸质件。各省(自治区、直辖市及计划单列市)农业行政主管部门省(自治区、直辖市及计划单列市)农业行政主管部门负责申报材料真实性、完整性的审查。符合条件的,签署推荐意见,报送名推委办公室。凡是没有省(自治区、直辖市及计划单列市)农业行政主管部门推荐意见的申报材料,不予受理。

中国名牌农产品推进委员会办公室组织评审委员会对申报材料进行评审,形成推荐名单和评审意见,上报名推委。名推委召开全体会议,审查推荐名单和评审意见,形成当年度的中国名牌农产品拟认定名单,并通过新闻媒体向社会公示,广泛征求意见。名推委全体委员会议审查公示结果,审核认定当年的中国名牌农产品名单。对已认定的中国名牌农产品,由农业部授予"中国名牌农产品"称号,颁发《中国名牌农产品证书》,并向社会公告。

三、监督管理

(1)中国名牌农产品有效期管理规定。"中国名牌农产品"称号的有效期为 3 年。在有效期内,《中国名牌农产品证书》持有人应当在规定的范围内使用"中国名牌农产品"标志。

对获得"中国名牌农产品"称号的产品实行质量监测制度。获证申请人每年应当向名推委办公室提交由获得国家级计量认证资质的检测机构出具的产品质量检验报告。名推委对中国名牌农产品进行不定期抽检。

(2)中国名牌农产品撤销管理规定。《中国名牌农产品证书》持有人有下列情形之一的,撤销其"中国名牌农产品"称号,注销其《中国名牌农产品证书》,并在 3 年内不再受理其申请。

①有弄虚作假行为的。

②转让、买卖、出租或者出借中国名牌农产品证书和标志的。

③扩大"中国名牌农产品"称号和标志使用范围的。

④产品质量抽查不合格的,消费者反映强烈,造成不良后果的。

⑤发生重大农产品质量安全事故,生产经营出现重大问题的。

⑥有严重违反法律法规行为的。

未获得或被撤销"中国名牌农产品"称号的农产品,不得使用"中国名牌农产品"称号与标志。

从事中国名牌农产品评选认定工作的相关人员,应当严格按照有关规定和程序进行评选认定工作,保守申请人的商业和技术秘密,保护申请人的知识产权。

第七节　农产品市场营销

一、农产品市场营销概述

(一)农产品市场营销定义

农产品是指种植业、养殖业、林业、牧业、水产业生产的各种植物、动物和微生物的初级产品及初级加工品。农产品市场营销是指从生产者到消费者过程中所包含的农产品生产、采集、加工、运输、批发、零售和服务等全部营运活动。农产品市场营销的主体是从事农产品生产和经营的个人、企业和合作经营组织等。农产品市场营销以市场交换为中心,将生产出来的农产品以最合理的价格和流通方式销售给用户和消费者,实现生产与消费的有机衔接,最终满足生产或生活消费的需求。农产品营销活动贯穿于农产品生产、流通和交易的全过程。

（1）市场需求是农产品生产经营的出发点、中心点和归宿点。市场经济条件下的农产品生产必须面向市场，根据消费者的需求来决定生产什么、生产多少和如何生产。因此，生产者需要知道消费者喜欢哪些农产品、哪些品种的农产品，然后根据得知的市场信息来调整其生产，决定生产资源的配置和生产方式的采用。可见，市场营销不是始于生产结束之时，而是在产品生产之前就已开始。

（2）农产品市场营销是包括农业生产活动在内的完整过程。首先，农业生产活动是营销活动的一个环节。传统的农产品流通是指农业生产活动之后的商业活动，把农产品的生产称为农业，把农产品的流通归入商业活动领域，人为地分离开来。其次，农产品市场营销和农业生产是有机融合的整体。农产品的生产过程不是仅指种植、饲养过程，凡是能创造或增加产品效用的过程都称为生产，因此农产品营销各个环节都是农业生产的延续。

（3）农产品市场营销通过各个活动环节不断创造多种产品效用。农产品市场营销的加工环节为消费者创造了形式效用，运输环节创造了产品的区域效用，储藏环节创造了产品的时间效用，交易过程中产品的所有权由卖方转移至买方，从而产生占有效用。农产品市场营销通过各环节的服务来提高消费者的效用满足程度。例如：农民生产水稻，而消费者需要的是大米，因此营销者应该把水稻碾磨加工成大米，以大米的形式出售。农产品市场营销是指为了满足人们的需求和欲望而实现农产品潜在交换的活动过程。

（二）农产品市场营销特点

农产品市场包括粮油市场、蔬菜市场、水产品市场、肉食禽蛋市场、干鲜果品市场等。由于农产品与其他产品有着本质性的不同，因此农产品市场营销有自身的特点。

（1）农产品市场需求具有时效性、地区性。随着人们生活水平的逐渐提高,消费者对农产品的市场需求也发生了变化,对农产品提出了更高的要求。新鲜、营养、无公害的农产品成为时尚消费,因此农产品市场需求表现出明显的时效性。农产品生产分散在不同生态区域,由农村千家万户进行,且具有一定的地域性,农产品市场也多为小型分散的市场,通常采用集市贸易的形式进行经营,因此农产品的市场需求表现出地区性。

(2)农产品市场供给具有季节性、周期性。由于农业生产具有季节性,农产品市场的货源随着农业生产季节变动而变动,特别是一些鲜活农产品,表现出明显的季节性。农产品经营者必须及时采购和销售。而农产品生产一般都表现为季节生产、常年消费,供给在一年内出现淡旺季,具有一定的周期性。因此在农产品供给中应解决好季节性、周期性矛盾。

(3)农产品市场风险比较大。农产品具有鲜活的特点,在运输、储存、销售中会发生腐烂、发霉和病虫害,极易造成损失,所以农产品在销售时要尽量缩短流通时间,妥善保管,降低风险。农产品的市场营销对自然条件依赖性较大,销售过程中存在着许多不可控的因素,且投入产出比小,投资回收期长,回报率低,营销风险性较高。

(三)农产品市场营销职能

传统的市场营销理论一般将市场营销职能归纳为交换职能(购买和销售)、物流职能(运输和储存)和辅助职能(融资、风险承担、沟通和标准化等)3类。随着生产力的发展和市场竞争的激烈化,市场营销实践也在不断创新。目前,农产品市场营销主要有市场调查与研究、生产加工与储运、销售农产品、创造市场需求、协调平衡公共关系五大职能。

(1)市场调查与研究。农产品销售前提是该商品存在市场需求。某种农产品的市场需求,是指一定范围的所有潜在顾客在一定时间内对于该商品具有购买力的需要。为了有效地实现农产品销售,需要经常地调查和研究市场需求,弄清楚谁是潜在顾客,他们需要什么样的农产品,为什么需要,需要多少,何时何地需要,并结合农业生产者自身的特点研究制定满足顾客需要的市场营销策略。由此可见,市场调查与研究不单纯是组织农产品销售的先导职能,实际上是整个市场营销的基础职能。

(2)生产加工与储运。掌握了市场需求还必须能生产加工出适销对路的农产品。在市场需求经常变动的条件下,为了适应市场需求的变化,农业生产者需要经常调整产品生产方向。农业生产者的这种适应性就来自于对市场信息的灵敏把握,对内部生产的严格管理,对应对变化的充分准备,对机会的迅速利用。

(3)销售农产品。销售是创造、沟通与传送价值给顾客,及经营顾客关系以便让组织与其利益关系人受益的一种组织功能与程序。农产品包括有形的商品及其附带的无形服务,销售就是介绍农产品提供的利益,以满足客户特定需求的过程。农产品销售对于农业生产者来说,具有两种基本功能:一种是将农业生产的商品推向消费领域,实现其使用价值;另一种是从消费者那里获得货币,实现其价值,以便对农产品生产中的劳动消耗予以补偿,维持再生产的继续进行。

(4)创造市场需求。仅仅向消费者销售那些他们当前打算购买的农产品是不够的。消费者普遍存在着"潜在需求"。生产者既要满足已经在市场上出现的现实性顾客需求,也要争取那些有潜在需求的顾客。例如,通过适当降低高档农产品价格,可以让那些过去买不起的消费者变得能够购买和消费;通过广告宣传,让那些不了解的消费者了解并产生购买和消费的欲望;通过推出新产品,让更多消费者有机会购买到适合的农产品;通过提供销售服务,提高顾客需求的满足程度等。

(5)协调平衡公共关系。农业生产者作为一个社会成员,改善和发展与顾客和社会的联系,可以增进相互信任和了解,可以发展为相互依赖、相互协作的伙伴关系,可以将过去交易中的繁琐谈判改变为惯例型交易,节省交易费用,直接为农业生产者带来市场营销上的好处。

二、农产品的价格策略

(一)农产品价格的构成

农产品价格由成本、税收和利润三部分构成。

1. 成本

农产品成本是价格的最低界限,如果按照这个数额销售农产品,那么生产者出售农产品所获得的收入仅能补偿生产农产品的费用消耗,再生产也只能在原有规模上重复,难以扩大生产。

农产品的成本按照其与产量或销售量之间的关系不同,可以分为固定成本和变动成本。

(1)固定成本。固定成本不随产量或销量的变化而发生明显变化。例如机器、厂房等的折旧费等,不管是否生产和生产多少都会发生。这些费用在一定时期内是固定不变。当然,固定成本在短期内是固定的,长期来看也是可变的,因为机器和厂房等在短期内难以变动,长期来看也可以根据生产规模进行重置更新等。总固定成本不随产量变化,但单位或平均固定成本则将随产量的增加而降低,随产量的降低而增加。

(2)变动成本。变动成本是指随着产量的增加而需要不断增加的费用。具体包括原材料、外购半成品、工人工资、包装材料和销售费用等。变动成本的总量随产量或销量变化而发生变化,但是单位或平均变动成本在短期内则是稳定的。

(3)单位成本。单位成本也称平均成本,等于单位固定成本加单位变动成本。从短期看,虽然单位变动成本是稳定的,但单位固定成本会随产量增加而下降,因此随着产量的增加单位成本将呈下降趋势。但是,这种增加也是有一定限度的,当产量增加超过现有设备的承受能力时,单位成本也可能上升,因为超负荷生产可能会降低效率,导致成本上升。

(4)机会成本。一般来说,企业所拥有的某种资源可以有多种用途。一旦某种资源用于某种用途后,就必然放弃其他用途。例如,一头牛用来犁地后,就不能用来拉车。机会成本是指将某种资源用于生产某种产品以后所放弃的该资源用于其他用途所可能取得的最大收益。例如,一头牛用来拉车,一天可以获得100元的收入,这就是用这头牛犁地的机会成本。因为一旦用这头牛犁地,就必须放弃用它拉车所能带来的100元收入的机会。

2. 税收

税收是国家参与国民收入再分配的一种形式。国家通过税收的方式,强制性地将单位或个人所创造的价值的一部分收归国家或地方所有,然后再用这种集中起来的收入满足社会福利等民生需要和发展科教文化等社会公共事业。税收与其他分配方式相比,具有强制性、无偿性和固定性的特征,习惯上称为税收的"三性"。

(1)税收的强制性是指税收是国家以社会管理者的身份,凭借政权力量,依据政治权力,通过颁布法律或政令来进行强制征收。强制性特征体现在两个方面:一方面是税收分配关系的建立具有强制性,即税收征收完全是凭借国家拥有的政治权力;另一方面是税收的征收过程具有强制性,即如果出现了税务违法行为,国家可以依法进行处罚。

(2)税收的无偿性是指通过征税,社会集团和社会成员的一部分收入转归国家所有,国家不向纳税人支付任何报酬或代价。税收的这种无偿性是与国家凭借政治权力进行收入分配的本质相联系的。无偿性特征体现在两个方面:一方面是指政府获得税收收入后无需向纳税人直接支付任何报酬;另一方面是指政府征得的税收收入不再直接返还给纳税人。税收无偿性是税收的本质体现,它反映的是一种社会产品所有权、支配权的单方面转移关系,而不是等价交换关系。税收的无偿性是区分税收收入和其他财政收入形式的重要特征。

(3)税收的固定性是指税收是按照国家法令规定的标准征收的,即纳税人、课税对象、税目、税率、计价办法和期限等,都是税收法令预先规定了的,有一个比较稳定的适用期间,是一种固定的连续收入。对于税收预先规定的标准,征税和纳税双方都必须共同遵守,非经国家法令修订或调整,征纳双方都不得违背或改变这个固定的比例或数额以及其他制度规定。

税收的3个基本特征是统一的整体。其中,强制性是实现税收无偿征收的强有力保证,无偿性是税收本质的体现,固定性是强制性和无偿性的必然要求。一直以来,农业税也是我国财政收入的重要来源。但是从2006年1月1日起,我国全面取消农业税,农业税已成为历史。为了把这种实惠真正留给农民,农产品的价格不能低于以前的含税成本的水平。否则,这种减税所带来的利益最终会通过低价农产品转移给消费者。

3. 利润

农产品利润是指农产品创造者将销售农产品的收入扣除全部成本和税金以后的余额。它是农业扩大再生产的基础,是保证市场上农产品源源不断供应的源泉。农产品价格应高于含税成本,使农民能够获得一定数额的利润,农业生产也才能不断得到发展。否则,如果农产品价格只能补偿含税成本,而不能使农民得到一定的利润,农业扩大再生产就不能正常进行。

(二)农产品的价格策略

1. 定价目标

价格不是漫无边际地随意制定的。经营者必须依据一定的定价目标作为确定定价策略和定价方法的依据。通常选择的定价目标主要有以下几种。

（1）以维持生存为目标。在激烈的市场竞争中，为了维持生存，经营者可能会放弃利润，而以维持生存作为主要目标。根据这一定价目标，经营者会将产品价格降低到只要能弥补成本水平。当然，这种定价目标不可能是长期的，只能作为短期的权宜之计。因为长期来看，在激烈的市场竞争中，如果企业不能发展，最终必将被淘汰。

（2）以利润最大化为目标。高价格并不一定会带来高利润。一般来说，价格与销量呈反比，当价格升高时，销量会降低。而当价格降低时，销量会增加。经营者应当根据价格与销量变动的趋势，以及销量对价格变动的反应灵敏度制定合理的价格水平，以实现最大化的利润。当市场销售额下降时，经营者应该降低商品价格来吸引一些对价格敏感的消费者，增加销售量。

利润目标以投资利润率或资金利润率为定价目标，易于计算，但它往往受到市场变动因素的影响。其公式为：

$$一定时期资金利润率（\%）= \frac{定时期利润额}{投入资金总额} \times 100$$

（3）以销售增长率最大化为目标。一般情况下，经营者利润会随销售额的增加而增加，但是为增加销售量而采取降价销售时，则有可能导致利润不能与销量同幅度增加，甚至出现随销量增加而导致利润减少的情况。为了追求销量增长最大化，一些经营者会采取低价格来吸引更多的顾客，实现销售额最大化。

（4）以市场份额为目标。在竞争性市场上，经营者用保持和增加市场份额作为定价目标，提高自己产品的市场占有率，挤压竞争对手。市场占有率是指本企业产品拥有市场的大小，通常的计算公式为：

$$市场占有率（\%）= \frac{本企业一定时期销售额}{同行业一定时期销售总额} \times 100$$

市场占有率并不一定与资金利润率相一致。有时候为了在竞争中扩大市场份额，必须在价格上做出一定牺牲，从而导致资金利润率的下降;相反,为了保持一定水平的资金利润率,又可能会以牺牲市场份额为代价。

(5)以适应竞争为目标。为了适应市场竞争,一般都需要以对市场有影响的竞争者的价格作为定价基础。通常的定价方式有:一是采取与竞争者相同的价格对产品定价;二是采取高于竞争者的价格,如资金、技术条件强,产品优良的企业常采用此定价方法;三是采用低于竞争者的价格,较小的企业或谋求扩大市场占有率的企业,常常采取这种定价方法。

(6)以价格稳定为目标。在市场竞争和供求关系比较正常的情况下,为了避免不必要的价格竞争,保持生产的稳定,以求稳固地占领市场,常常采取保持价格稳定的定价方法。

2. 农产品价格策略

选择定价策略应该考虑的因素主要有:要能弥补生产产品的直接成本和机会成本;竞争者产品的特色和价格;经营者要树立的营销形象以及投资回收期等。通常采用的农产品价格策略包括以下 7 种。

(1)渗透定价策略。一般情况下,采取低价位是吸引众多消费者的最有力武器。因为市场上存在一大群普通消费者,他们的购买行为相当理智,希望用较低的价格获得较高的效用满足。因此,通过低价低利能够有效地排斥竞争者加入,扩大市场份额并较长期地占领市场。值得注意的是,这里的所谓低价位是相对于产品品种和服务水平而言的,价格处于较低的位置上,并非是用偷工减料降低质量的办法来维持低价位。具体的渗透定价策略有:

①高质中价定位。企业在保证提供优质产品和服务的前提下,价格却定在中等水平上,使消费者以中等价格获得高品质的满足。借用这种价格优势争取众多的消费者,排挤竞争对手,扩大市场份额。

②中质低价定位。企业以较低的价格,向消费者提供符合

一般标准的产品和服务,使顾客以较低的价格,获得信得过的产品。这一目标市场的顾客群,一般对价格非常敏感,但又不希望质量过于低劣。目前,仓储式商店的发展就是针对这一顾客群的。

③低质廉价定位。产品没有质量优势,主要是靠低廉的价格留住一部分消费者。采取这一定价策略主要是迎合一些低收入阶层。

渗透定价策略主要适用于以下几种情况:①新产品进入市场时,为了尽快打开局面,迅速占领市场,通常采取这种低价策略,争取消费者;②产品市场规模较大,竞争非常激烈时,可采取这种低价渗透策略,排挤竞争对手,扩大自己产品的市场份额;③产品需求弹性较大,消费者对产品价格反应敏感,稍稍降价就会刺激需求时,可以通过降低价格,增加销售总额和利润总量;④大批量生产能显著降低成本时,通过低价扩大需求,从而扩大生产规模,发挥规模效益,降低单位成本。

(2)取脂定价策略。取脂定价又称撇油定价,类似于从牛奶表面逐层撇油取奶的做法。当新产品进入市场后,经营者有意识地把产品价格定得大大高于成本,使其能在短时间内把开发新产品的投资和预期的利润迅速收回。采取这种定价策略时,产品的定价不以成本为标准,而通过一定的品牌效用,满足顾客的炫耀心理,从而获取高附加值。这一策略的实施往往配合以强大的宣传攻势,迅速提升产品的形象,使消费者尽快认识新产品,在短时间内形成强烈的需求欲望和购买动机。

当然,采取高价策略,要有支持高价的商品特性。这些特性主要包括:

①产品能突出显示消费者的地位和财富。如"奔驰"车定位在"高贵、显赫、王者、至尊"的高价位上,取得了其他任何小汽车无法比拟的成功。因此,当顾客购买某种产品是为了显示其与众不同的地位和财富时,只有高价才能满足这种需求。换

言之,高价要素是刺激需求的重要原因之一,而降价则意味着失去市场。

②高价产品应该意味着高品质。一般情况下,许多消费者都有"一分钱,一分货"的观念,消费者把高价看做是优质产品和完善服务的象征。高价产品如果没有高贵的品质作为支撑,最多能在新上市时骗得不知情消费者的购买,这种经营策略是很难长久的。一旦商品的真实品质为消费者所认识和了解,他们就会将消费转向同质量,但价格更加实惠的其他商品。

③高价产品标志高服务水平。高价产品除了要注重产品质量以外,更要搞好服务工作,以增强消费者对产品使用的安全感和信任感。如中国著名的家电品牌"海尔"电器,依靠其"星级国际服务",使其牢牢地占领了家电市场的较大份额。

④高价产品代表高的产品档次和形象。人们提到服装,马上会想到"皮尔·卡丹";提及洋酒,就会想起 XO;提到领带,就会想到"金利来"。这些产品不仅以质优高档而闻名,更以其至尊的品牌形象而被消费者所认同,带给了消费者以至尊与高贵的心理满足。

由此可见,高价策略并不是毫无依据的漫天要价,其高价是通过高档次、高形象、优质服务来支撑的。因此,在采取定价策略时,要防止定价过高,既损害消费者利益,又有损于企业声誉的两败俱伤的局面出现。

(3)尾数定价策略。根据消费者求实惠心理,采取尾数定价,可以使顾客产生定价准确的印象,从而建立信赖关系,产生购买动机。例如,一件农产品标价 199.50 元,比标价 200 元实际上只少 0.5 元,却给消费者 100 多元与 200 元的不同的价值印象。用这种 100 多元的定价方式就可能比 200 元的定价在购买心理上争取更多的顾客。当然在选择定价用数字上,也要注意各地习惯的偏好。例如我国广大消费者比较喜欢 8、9 等数字,使用这些数字作为尾数,往往也能带来意想不到的销售效果。

（4）整数定价策略。根据消费者自尊心理的需要，对一些高级商品要采取整数定价，这种定价能满足顾客的虚荣心。如一件裘皮大衣定价为5 999元，就不如定价为6 000元好，因为顾客感觉5 999元只是5 000多元，没有超过6 000元，心理得不到满足，不易引起购买动机。

（5）分档定价策略。分档定价就是根据不同顾客、不同时间、不同场所，在经营不同牌号、不同花色、规格的同类产品时，不是一种产品定一个价格，而是把商品分为几个档次，每一档次定一个价格。分档定价的形式有：

①针对不同顾客群体定不同价格，差别对待。如"Price Smart"会员商店，对会员顾客实行优惠价格售货，而对非会员顾客购物则要加收价格的10%。

②同一产品，不同花色、样式，实行分档定价。例如，将各式各样的西服分为高、中、低3档，每档确定一个价格。

③不同位置分档定价。如商店的猪肉价格，前臀尖和后臀尖的售价就不相同；剧院前排和后排的售价也不相同。

④不同时间分档定价。如长途电话节假日和平时的话费就不相同，即使一天的不同时段话费也不相同。

分档定价，可以使消费者感到商品档次高低的明显差别，为消费者选购提供了方便。但分档不宜太少也不宜太多，档次太多，价格差别太小，起不到分档作用；档次太少，价格差别太大，除非商品质量悬殊，否则容易使期望中间价格的顾客失望。

实行分档定价的前提是：市场是可以细分的，且每个细分市场的需求强度不同；商品不可能从低价市场流向高价市场，不可能转手倒卖；高价市场没有竞争者削价竞争；不会因分档定价引起顾客不满。

（6）折扣定价策略。顾客在购买商品达到一定数量或金额时，能够得到价格折扣，可以刺激他们的购买欲望，增加购买量和消费。因此,折扣定价策略也成为企业通常采取的定价策略。

①数量折扣。为了鼓励顾客多购买,达到一定数量时给予某种程度的折扣。包括累进折扣和非累进折扣等方式。累进折扣是指买方在一定时期内购满一定数量时,给予一定折扣,数量越大,折扣比例越高;非累进折扣是指当一次购货数量达到规定的数量时,就会给予折扣优惠。

②现金折扣。在赊销时,如果买方以现金付款或者提前付款,可以给予原定价格一定折扣的优惠,这就是现金折扣。通常用 3/10,2/20,n/30 来表示付款条件,意义为 3/10 是指 10 天内付款可享受 3% 折扣,2/20 指在 11 ~ 20 天内付款可享受 2% 的折扣,n/30 指 20 ~ 30 天付款不享受折扣,按原价付款。

③交易折扣。根据各类中间商在市场营销中的功能不同给予不同的折扣。交易折扣的多少,视行业、产品的不同以及中间所承担的责任多少而定,一般批发商折扣较多,零售商折扣较小。如美国百货业,一般是按零售价格40% 和 10% 给予同业折扣,即如果零售价格是 100 美元,零售商按 60% 向批发商付款(即 60 美元),批发商向生产厂商按 50% (60% ~ 10%)付款(即50 美元)。交易折扣在我国表现为出厂价、批发价、零售价的差价,只不过此差价较小。

④季节折扣。为了鼓励中间商和消费者提前购进季节性强的商品,以减少经营者资金占用和库存费用,常常给予中间商和消费者一定的季节折扣。旅游业、航空业、服务业是适合实行季节折扣的典型行业。

⑤旧货回扣。即以旧换新时给予回扣的销售方法。如电冰箱、洗衣机等消费品实行旧货折价换新,不仅能鼓励消费者加速商品换代,促进销售,同时也能促进资源循环利用,降低生产部门的资源消耗。

⑥分步折扣。顾客购买不同数额的商品,获得不同的折扣优惠。如对购买 50 本书的顾客,书店给予 8.5 折优惠;对购买

100 本书的顾客,书店可能会给予 7.5 折的优惠。

⑦促销折扣。这是销售商为其顾客宣传商品的一种定价策略。即如果顾客有证据说明自己为销售商的产品做了宣传、介绍,顾客就会从销售商那获得折扣优惠。

(7)地区定价策略。农产品定价时,不同地区之间的运费和保险费差异,以及不同地区的农产品市场的竞争状况不同,都会使农产品在不同地区的定价策略不尽相同。

①产地交货定价。采用这种定价原则是指卖方在产地交货,货物一旦搬上了运输工具,卖方在运输上就没有了责任,即运费和保险费全部由买方负担。这对卖主来说是最单纯、最便利的定价,适用于各地区的买主。但对于路途较远、运输费用和风险较大的买主不利。

②目的地交货定价。这是卖方将货物按合同要求运送到顾客指定的目的地的一种价格,运费和保险费全部由卖方负担。

③统一交货定价。对所有顾客不论路远路近,都收取相同的运费,由卖主将货物运往买主所在地。这类服务类似于邮政,所以又称为"邮票定价法"。如果运费占成本比重较小,卖主就倾向于采用这种定价,因为这会方便顾客,有利于巩固企业市场地位。

④运费免收定价。这种定价策略一般是要求顾客的购买数额达到一个最低限度,以得到免除运费的优惠。农产品定价策略是多种多样的,经营者要根据自己的产品和市场情况,进行选择。

三、农产品的促销策略

(一)促销手段概述

实际上,促进销售并非简单地派人推销的问题。促进销售是指生产者运用各种手段,向消费者推销产品,以激励顾客购买,促使产品由生产者向消费者转移的一系列活动。通过促销活动,对消费者或使用者传递产品和经营者的信息,唤起顾客对农产品的需求,以开拓市场,树立产品和企业形象。

1. 促销手段的构成要素

一般来说,促销手段都包括奖励、发送方法和传播途径三大构成要素。

(1)奖励,是经营者在促销活动中为顾客提供的有价值的东西。奖励的通常做法是让顾客节省金钱,或者给顾客提供免费试用产品的机会,或者让顾客获得赠品(经营者的产品),或者让顾客获得某种体验,或者以上方式的组合。

(2)发送方法,是经营者实现奖励的方法。它可以通过赠券、打折、赠送产品样品、奖品、竞赛等方法让消费者获得奖励。

(3)传播途径,是指顾客通过什么渠道获得促销的信息。一般传播促销信息的载体包括广告、产品包装、直接邮寄、人员推销等。

2. 促销的目的

不论经营者采用什么样的促销手段,但目的是共同的。这些目的主要有:①鼓励顾客尝试经营者的产品;②提高经营者的产品的知名度;③通过回馈顾客,获得顾客长期稳定的支持。虽然经营者无法保证顾客忠诚度的永久性,但偶尔对顾客表示一下经营者的谢意还是必要的,如馈赠一件小礼品,可能会获得意想不到的效果。

(二)影响促销手段选择的因素

促销的方法有人员推销、广告、营业推广、企业公共关系等。这些方法各有优点和缺点,对各种产品的销售所起的作用也不尽相同。例如,广告宣传覆盖面广,对于日常消费品的促销效果较好,但不能直接促成交易的完成;人员推销有利于直接促成交易,但费用较高。所以经营者必须根据产品特点和自己的销售目标,选择和运用适当的促销方法。在选择促销方式时,应当考虑以下基本原则。

1. 促销方式应因产品性质不同而不同

一般来说,农产品促销技术简单,花色品种多,市场需求广泛,最有效的促销手段是广告。目前的电视广告中,70%~80%是消费品的广告。为了吸引中间商,人员推销也是必要的。一些竞争性较强的消费品,促销策略更要周密设计。高价值的农产品购买者一般是特定用户,而且数量相对较少,因此适用于使用人员推销,以向客户介绍产品性能和特点,通过帮助其解答一些具体的技术问题,刺激购买欲望,达到促销目的。

2. 促销方式应因产品生命周期的不同而不同

产品处于不同的生命周期阶段,市场销售态势不同,促销的目标也不同,因此选择促销方式也应当有所不同。

需要说明的是,在产品生命周期的各个阶段,经营者都要十分注意消除顾客购买产品后的不满意感。应针对顾客的疑虑,采用广告和公共关系等方式加以解释和说明,消除疑虑,同时加强售后服务,以保持经营者和产品在市场上的信誉,实现经营者的长期目标。

3. 促销方式应因市场性质不同而不同

市场范围不同,促销方式也应该有所不同。一般来说,市场范围小,产品只在本地市场销售,则应以人员推销或商品陈列为主;市场范围广泛,如全国市场或世界市场,广告会更加有效;中等规模的市场可以一种促销方式为主,兼用其他方式,如一方面进行人员推销,另一方面在适当范围内进行广告宣传。

另外,促销方式也因市场类型而有所不同。消费者市场,顾客多而分散,就主要靠广告、商品陈列、展销等去吸引顾客。消费者的类型不同,促销方式也不一样。城市居民偏爱广告,乡村居民则对商品陈列、展销容易接受。企业应针对不同类型的消费市场,选择对路的促销策略。与消费者市场不同,生产者市场一般专业性强,数量少,通常以人员推销为主。潜在顾客的数量也是选择促销手段时需要考虑的重要因素。潜在顾客多,广告就比较有效,反之,人员推销方式就比较合适。

(三)农产品促销策略

1. 价格策略

对于大多数农产品来说,价格是主要的竞争手段之一。为了刺激消费者更多地购买,可以采取灵活多样的定价方式,对于不同的目标市场、产品形式、销售时间、销售地点实行有差别的价格,从而满足不同的市场需求,以扩大销售,提高经营者的经济效益。

2. 选择适宜的推销技巧

讲究推销技巧,是指经营者在推销自己的产品时要根据消费者心理动态、消费习惯等有针对性地采取推销策略。

(1)针对不同阶段的心理特点,采取相应的推销技巧。

从消费者购买产品的过程来看,大致可以分成四个阶段,在每个阶段要使用不同的推销方法。

①寻找商品阶段。消费者出于某种需求,希望寻找某种商品来满足需求。这时,经营者要积极介绍自己的产品,特别应针对消费者需求来介绍产品的特点,以引起消费者的购买欲望。

②比较阶段。消费者可能要将同类商品进行比较,其中主要是比质量、比价格。这时,经营者要强调自己产品具有优势的一面,或者给予某种优惠,促成消费者下决心购买。

③购买阶段。要满足消费者在购买时的要求,并且要用热情的态度招呼消费者,希望再次购买。

④评价阶段。有的消费者购买商品后感觉比较满意,可能再次购买,成为"回头客"。这时,经营者一方面要热情接待,另一方面可利用"回头客"的良好评价说服其他消费者购买。

(2)迎合不同消费者的购买心理,选择不同的营销技巧。

面对商品品种繁多的市场,顾客是否购买某一商品,是由其购买心理动机决定的。顾客的购买心理可分为六种类型,应针对不同心理状态的消费者,采取不同的推销技巧。

①理智型。这类顾客具有一定的商品知识,注重商品性能和质量,讲究物美价廉。

②选价型。一是以价格低廉为选商品的前提条件,对"优惠价"商品感兴趣;二是对高档、高价商品感兴趣,认为一分钱一分货,要买就买好的。

③求新型。这类顾客追求时尚与款式,往往不问价格、质量。

④求名型。崇拜名牌产品,对价格高低并不过多考虑。

⑤习惯型。顾客对某些厂家、商标的商品熟悉、信任,或因生活习惯等的不同,形成一种使用某种商品的习惯。

⑥不定型。不常买东西,对市场情况和商品不熟悉,购买时犹豫不决,反复征求他人意见。

(3)根据消费者的购物习惯,采取不同的推销技巧。

购买习惯,主要指顾客何时购买、何处购买。搞好农产品的营销工作,必须认真分析顾客的购物习惯,采取有针对性的促销手段。

3. 搞好售后服务,扩大经营者的影响

经营者要扩大自己的影响,必须搞好产品售后服务。①做好准备,以便及时、准确地处理好各种询问和意见。②必须有实效地解决顾客所提出来的实际问题,这比笑脸相迎更为重要。③提供给顾客多种可供选择的服务价格和服务合同。④在保证服务质量的前提下,可把某些服务项目转包给有关服务行业厂家。⑤不能怕顾客提意见,应把此看成改进自己的产品和服务、搞好生产经营的重要信息来源。

4. 做好广告宣传,扩大产品知名度

广告是通过各种方式将自己产品的性能、特点、使用方法等广泛地向消费者介绍,引起消费者对自己产品的购买欲望。经营者要制订正确的广告计划,选择适当的广告策略,设计适宜的广告,并选择好广告媒体。

四、农产品的网络营销策略

(一)农产品网络营销的含义

面对知识经济时代的挑战,农产品经营者只有运用现代信息技术和互联网技术,才能更敏锐地捕捉到市场信息与机遇,用合适的方式为消费者提供满意的产品和服务,以满足消费者的需求为目标,同时实现自身的长远发展。

网络营销是指企业在经营的全过程中利用网络技术进行市场调查、客户需求分析、产品开发定位、销售策略制定、售后服务等一系列活动,以达到企业营销目标的一种营销方式。广义地讲,凡是在互联网上进行的,为达到营销目标的一切营销活动,都可以视为网络营销。因此,农产品网络营销就是基于互联网,借助互联网特性来实现农产品的销售与经营活动的一种营销方式。农产品网络营销就是将电子商务系统应用到农产品的销售过程中,利用网络技术、信息技术、计算机技术等,对农产品的市场价格、农产品质量、供求信息进行处理与加工,并将物流配送系统整合到营销过程中,拓宽农产品网络销售渠道,以达到提升农产品的品牌形象、增进企业与顾客之间的联系、扩大农产品的销售量,最终实现企业的营销目的。农产品网络营销的内涵主要有以下3方面。

(1)农产品网络营销不只是网上销售农产品,在网上销售仅仅是网络营销过程中的一个环节。凡是基于互联网,以实现农产品的经营与销售为目的而进行的一系列的营销活动都被称为农产品网络营销。尽管农产品网络营销活动并不一定能够在网上就直接交易成功,但是扩大了潜在的消费群体,很有可能增加总的销售额。网络营销强调网上网下相结合,构成一个相辅相成、相互促进的营销体系。网络营销的效果表现在很多方面,比如改善企业形象,提升农产品牌价值;通过分析顾客的回馈信息,积极发掘新市场;增进与顾客之间的联系;拓展信息发布的渠道等。

(2)网络营销是企业整体营销策略的一个组成部分。网络营销理论是传统营销理论在互联网环境中的应用和延展。农产品网络营销不会脱离传统的营销环境而独立存在,所以农产品网络营销在依赖互联网技术的同时,也离不开农产品商贩、农产品集贸市场、农产品超市等传统营销渠道。

(3)农产品网络营销的实质是顾客需求。管理网络营销的实质是利用互联网对农产品售前售后各个环节进行跟踪、分析,并最大限度地满足顾客需求,以达到开拓市场、增加盈利的目的。农产品经营者能够利用互联网为顾客提供恰当的农产品,并生成详尽的消费者资料库,通过了解消费者的消费倾向、对农产品质量和服务的看法、消费者的需求等,同消费者建立一种持续的信任关系。

(二)农产品网络营销的价值

农产品经营主体要参与市场竞争,首先要解决的就是市场问题。我国农产品经营主体的特点是高度分散、规模狭小,这就导致农产品的生产链条短,销售手段落后,市场信息不灵,进入市场的能力不足,很难形成一个稳定的销售市场和渠道。而网络营销的开展可以有效地解决这一问题。网络营销的价值主要体现在以下几个方面。

(1)获取信息及时丰富。网络营销的市场是一个完全竞争市场,农产品市场信息和营销信息具有实时性、透明性、丰富性的特点。

(2)有效降低交易成本。首先网站代替了传统的建筑物,地址变成了网络地址;其次市场调研及广告都可以通过网络进行,信息的收集和发布都只需要鼠标一点即可轻松实现。据相关统计,网络营销的成本仅为传统营销成本的20%。

（3）大大拓展交易时空。利用互联网可以打破时间、空间的限制。如企业可借助网络实现24小时在线服务,同时可以打破原来空间限制,把生意做到国外,拓展了交易的地理范围。

（4）增强决策有效性。农产品经营主体由于获得了及时和准确的市场信息,从而有助于增强判断能力,增强决策有效性。

（5）提升品牌形象。网络媒体在制作速度、覆盖能力和宣传成本上均优于传统的宣传方式,这将有利于农产品品牌的建立。

（三）农产品实施网络营销的机遇

我国农产品丰富、消费市场广阔,但是营销方法落后、企业规模小等这些劣势使得其在发展过程中艰难前行。借助网络营销完全可以使企业在激烈的市场竞争中不断发展壮大。

（1）可以得到公平的竞争机会。网络营销为不同规模的企业提供了同等的竞争环境,可以使经营农产品的中小企业获得和大企业一样的信息资源,可以节省大笔的广告费,也能达到很好的营销效果。

（2）可以获得更大的生存空间。网络营销超越了传统营销的地域限制,为农产品这样的中小企业发展国际贸易打下坚实的基础,获得更大的生存空间。

（3）可以降低成本、提高效率。网络营销采用电子化、数字化技术,大幅降低了企业的运营成本,提高了营销效率。虽然企业网络营销初建的成本较高,但是维护费用低。如果能很好地利用网络资源,就会在运营中将其抵消掉。网络营销不仅能够帮助企业获得大量的潜在客户,也有利于开拓国外市场,树立品牌形象,增加竞争力。

（四）农产品网络营销的策略

1. 农产品网站建设策略

（1）无专有的营销网站策略。立足于宣传的营销定位，农产品网络营销相应地可以采用无独立的营销站点策略，特别是当营销主体实力还不够强大时更应该如此。考虑到建立网站和维护网站所需的巨大投入，在自身实力还不很强、经营规模还不大的情况下，不主张投资兴建自己的营销网站，而是选择在农业专业网站（如农产品加工网、农产品市场信息网、政府农业管理部门的官方网站等）上发布供求信息，这样既达到了发布信息的目的又能节约成本。

（2）建立专有的营销网站策略。无专有的营销网站策略在农产品营销主体实力不强的情况下比较适用，但它并不利于农产品品牌的推广、不利于企业长远的发展，因此当农产品营销主体具备一定的规模和实力后还是应该建立专有的农产品营销网站，并至少要涵盖公司简介、产品信息、顾客服务信息、促销信息、销售和售后服务信息、联络资料、线上定购页面、顾客交流平台8个方面的内容。

2. 农产品网络营销产品策略

一般而言，只有标准化程度高，信息化程度高，便于包装、仓储、加工、运输的产品才适合网络营销。但农产品生产的区域性、季节性、产品的标准化程度低、易腐性等制约了农产品开展网络营销。实施农产品网络营销的产品策略可以从以下几个方面进行。

（1）广泛推广现代农业生产新技术，提高农业的生产水平，将农业生产的全过程纳入标准化生产和管理，这样不仅可以提高农产品生产的品质与数量，更有利于农产品的标准化生产。

（2）发展相关农产品的加工企业，实施对农产品的再加工，改变农产品不利于网络营销的属性，使其适合在网上销售。

（3）创建农产品的品牌。通过建立一种清晰的品牌定位，利用各种传播途径形成受众对品牌在精神上的高度认同，所以品牌化的产品更利于网络营销。新疆的"库尔勒香梨"和"吐鲁番葡萄"、重庆的"涪陵榨菜"等品牌产品都创造了农产品网络营销的成功案例。

3. 农产品网络营销的渠道策略

网络分销渠道则是借助互联网，以合理方式选择分销渠道和组织产品、服务信息流通的方式，满足消费者信息沟通、产品转移和支付清算要求的一整套相互依存的中间环节。合理的分销渠道，一方面可以最有效地把产品及时提供给消费者，满足用户的需求；另一方面也有利于扩大销售，加速物资和资金的流转速度，降低营销费用。农产品网络营销通常采用"双道法"的渠道策略。

"双道法"是指同时使用网络分销渠道和传统分销渠道，以达到最大销售量的目的。农产品网络营销是传统营销方式与现代网络工具的有机结合，这种分销方式为买卖双方带来直接的经济利益，合并了中间分销环节，为消费者提供了更为详尽的商品信息，而企业几乎不需要分销成本；同时，买卖双方的互动性增强，可即时地利用网络交流信息。在买方市场的现实情况下，通过两条渠道推销农产品比通过单一的渠道更容易实现"市场渗透"。

4. 农产品网络营销的促销策略

农产品网络营销的促销策略是指农产品经营者利用现代化的网络技术向网上虚拟市场传递有关农产品的信息，以激发需求，引起消费者购买欲望和购买行为的各种活动的总称。农产品网络促销的形式有许多种，如网络广告、站点推广、网络服务、网络公关、网络营业推广等方式。网络广告和站点推广是网络促销的两种主要方式，特别是网络广告已成为一种新兴的产业。

（1）网络广告。网络广告是指特定的农产品的经营者或生产者利用网络对农产品的介绍和推广，其目的在于引起消费者的共鸣，促使消费者产生试用、购买等直接反应。现在与农业有关的网站几乎都有表现形式多样的农产品营销广告，如横幅广告、链接广告、旗帜广告等。

（2）网站推广。网站推广是农产品网络促销的重要方式，只有通过推广才能使农产品网站在浩瀚如海的互联网中被人注意，使更多的消费者能够利用浏览器很方便地进入农产品的网站。推广农产品网站一般有两种途径：一是通过传统广告媒体，如报纸、杂志、电视、广播等来宣传网址；二是通过一些著名农产品营销网站（如中国农产品信息网）来"曝光"和推销网址。

（3）网络服务。与传统的人员推销由营销员直接拜访潜在顾客不同，网络服务不是面对面而是在虚拟网络由网络服务人员给顾客或潜在消费者提供咨询、培训和解决方案等服务。

（4）网络公关。网络公关是指企业以网络为主要手段争取对企业较为有利的宣传报道，协助农产品生产企业与有关的各界公众建立和保持良好关系，建立和保持良好的形象，以及消除和处理对农产品营销不利的谣言、传说和事件。

（5）网络营业推广。网络营业推广是指除了网络广告、网络服务、网络公关以外的其他网络促销方式。网络营业推广方式多种多样，如在农产品营销网站上开展网上抽奖、网络会员制、开办优惠酬宾活动、提供免费农业科技信息等。

第五章　生态农业与美丽乡村建设

　　人类社会发展到今天,创造了前所未有的文明,但同时又带来了一系列环境问题。当前世界范围内,一些环境问题正危及人类的生存与社会的发展:生态环境退化或自然资源枯竭的现象。近代工业革命使人与自然环境的关系又一次发生巨大变化。特别是从20世纪中叶开始,科学技术的飞跃发展和世界经济的迅速增长,使人类"征服"自然环境的足迹踏遍了全球,人成为主宰全球生态系统的至关重要的一支力量。人类活动正在改变全球的生态系统。

　　确实,在战后短短的几十年历程中,环境问题迅速从地区性问题发展成为波及世界各国的全球性问题,从简单问题展到复杂问题,出现了一系列国际社会关注的热点问题,如过度放牧导致的草原退化、毁林开荒造成的水土流失和沙漠化,温室气体的排放量逐年增加使臭氧层遭到越来越严重的破坏,酸雨的危害增加造成植被减少和生物多样性锐减等;国际水域与海洋污染、有毒化学品污染和有害废物越境转移等。

第一节　生态环境与农业生态系统

一、生态环境问题的概念

　　生态环境问题是指由于生态平衡遭到破坏,导致生态系统的结构和功能严重失调,从而威胁到人类的生存和发展的现象。

二、生态环境问题的种类

（1）不合理地开发利用自然资源所造成的生态环境破坏。由于盲目开垦荒地、滥伐森林、过度放牧、掠夺性捕捞、乱采滥挖、不适当地兴修水利工程或不合理灌溉等引起水土流失，草场退化、土壤沙化、盐碱化、沼泽化，湿地遭到破坏，森林、湖泊面积急剧减少，矿产资源遭到破坏，野生动植物和水生生物资源日益枯竭，生态多样性减少，旱涝灾害频繁，水体污染，以致流行病蔓延。

（2）城市化和工农业高度发展而引起的"三废"（废水、废气、废渣）污染、噪声污染、农药污染等环境污染。

生态环境问题表现比较突出的有水土流失，土地荒漠化，森林和草地资源减少，生物多样性减少等。

三、生态环境要素

生态环境要素是基于生态环境中的重要因素，是指与人类密切相关的，影响人类生活和生产活动的各种自然（包括人工干预下形成的第二自然）力量（物质和能量）或作用的总和的要素。包括动物、植物、微生物、土地、矿物、海洋、河流、阳光、大气、水分等天然物质要素，以及地面、地下的各种建筑物和相关设施等人工物质要素。

四、生态环境要素各自的功能

（1）水。水是环境要素中极为重要的一环。约占地球表面积的71%，故有人将地球称为"水球"。水是生命的源泉。

（2）大气。大气是指在地球周围聚集的一层很厚的大气分子，称之为大气圈。地球的大气，主要由氮气和氧气组成。氧气对人类重要程度甚于水。

（3）动物。动物是自然界生物中的一类，动物是多细胞真核生命体中的一大类群,称之为动物界。一般不能将无机物合成有机物,只能以有机物为食料,因此具有与植物不同的形态结构和生理功能,以进行摄食、消化、吸收、呼吸、循环、排泄、感觉、运动和繁殖等生命活动。人也属于动物,而且是高级动物。

(4)植物。植物是生命的主要形态之一,构成植物界为数众多的任何有机体。绿色植物大部分的能源是经由光合作用从太阳光中得到的。

(5)微生物。微生物一般是一些肉眼看不见或看不清的微小生物,从进化的角度,微生物是一切生物的老前辈,无所不在,是生态环境中不可缺少的一大要素。

(6)阳光。太阳之光——太阳上的核反应"燃烧"发出的光。太阳光是最重要的自然光源,"太阳是大地的母亲",正是由于太阳光的照耀,才使地面富有生气,太阳是一个取之不尽用之不竭的能源。目前,人们正在想方设法利用太阳能。

(7)矿物。矿物指由地质作用所形成的天然单质或化合物,地壳中存在的自然化合物和少数自然元素,具有相对固定的化学成分和性质。

(8)土地。土地是地球表层的陆地部分及其以上、以下一定幅度空间范围内的全部环境要素,以及人类社会生产生活活动作用于空间的某些结果所组成的自然—经济综合体。

五、农业生态系统的概述

(一)农业生态系统的概念

农业生态系统是在一定时间和地区内,人类从事农业生产,利用农业生物与非生物环境之间以及与生物种群之间的关系,在人工调节和控制下,建立起来的各种形式和不同发展水平的农业生产体系。与自然生态系统一样,农业生态系统也是由农业环境因素、绿色植物、各种动物和各种微生物四大基本要素构成的物质循环和能量转化系统,具备生产力、稳定性和持续性三大特性。

农业生态系统是人类为满足社会需求,在一定边界内通过干预,利用生物与生物、生物与环境之间的能量和物质联系建立起来的功能整体。农业生态系统是一种被驯化了的生态系统,而生态系统又是生物与非生物组分构成的一类特殊的系统。

(二)农业生态系统的特点

农业生态系统是被人类驯化了的自然生态系统,因此,它既保留了自然生态系统的一般特点,又具备很多人类改造、控制、调节、干扰甚至破坏所带来的新特点。

(1)受人类控制。

(2)净生产力高。

(3)开放性系统。

(4)有明显的区域性。

(5)组成要素简化,自身稳定性较差。

(6)同时受自然与社会经济双重规律的制约。

(三)农业生态系统与自然生态系统的差异

在农业生态系统中,由于人类的强烈参与,其结构组成已经发生了较大的变化,有别于自然生态系统,二者在结构与功能上的差别见表5-1。

表5-1 农业生态系统与自然生态系统的差异

特征	农业生态系统	自然生态系统
净生产力	高	中等
营养变化	简单	复杂
品种多样性	少	多
物种多样性	少	多
矿物质循环	开放式	封闭式
熵	高	低

特征	农业生态系统	自然生态系统
人为调控	明显需要	不需要
时间	短	长
生境不均匀性	简单	复杂
物候	同时发生	季节性发生
成熟程度	未成熟（早期演替）	成熟的

（四）农业生态系统养分循环的特点

（1）有较高的养分输出率与输入率。

（2）内部养分的库存量较低，但流量大，周转快。

（3）养分保持能力较弱，流失率较高。

（4）养分供求同步机制较弱。

（五）影响农业生态系统的因素

（1）人类因素。人类在合理利用太阳辐射能这一基本能量来源的同时，以施用化肥农药以及机械作业等方式投入一定的辅助能源，增加系统内可转化为生产力的能量。通过栽培管理、选育良种和施用化肥农药等技术，在提高农业系统生产力方面取得了巨大的成就，为满足日益增长的世界人口的吃穿需要和社会经济的持续发展奠定了坚实的基础。但是，在农业发展过程中，限于人口的压力和对自然规律的认识，人类对农业生态系统稳定性和持续性未能给予充分重视。造成当前农业环境质量恶化，农业生态平衡遭到破坏，已在全世界范围内不同程度地影响了农业生态生产力的发挥和农业的长期发展。

（2）农业环境因素。农业环境因素是指农业生态系统中的非生物因素，即指农作物、林木、果树、畜禽和鱼类等农业生物赖以生存、发育、繁殖的自然环境。它包括农田土壤、农业用水、空气、日光和温度等。从当前农业生态环境情况上，土地退化、土壤荒漠化及盐碱化、水土流失现象十分严重,农业用水污染及由此导致的农田土壤污染、农药和化肥污染也时有发生。这一切均严重影响着农业的持续发展和粮食的安全。所以,农业环境保护已成为迫在眉睫的重要问题。

六、农业生态系统的基本组分

(一)农业生态系统的环境组分

农业生态系统除了具有从自然生态系统继承下来的自然环境组分之外,还有人工环境组分。无论是水体、土体、气体甚至辐射,在农业生态系统中都或多或少受到人类不同程度的调节和影响。农业生态系统中的禽舍、温室、仓库、厂房、住房等生产、加工、贮存和生活设施都会成为系统内生物生活环境的一个组成部分。设施中的环境与自然环境相比,温、湿、光、养分等条件都受到较大的改变,而且有独特的特点。

(二)农业生态系统的生物组分

农业生态系统的生物组分可以按功能区分为以绿色植物为主的生产者,以动物为主的大型消费者和以微生物为主的小型消费者,然而占主要地位的生物是经过人工驯化的农业生物如农作物、家畜、家禽、家鱼、家蚕等,以及与这些农用生物关系密切的生物类群,如作物病虫、家畜寄生虫、豆科植物的根瘤菌等。农业生态系统还增加了一个重要的大型消费者——人。其他生物种类和数量一般少于同区域的自然生态系统。

七、农田生态系统

(一)农田生态系统的概念

在一定农田范围内,作物和其他生物及其环境通过复杂的相互作用和相互依存而形成的统一整体,即一定范围内农田构成的生态系统。

（二）农田生态系统的内涵

农田生态系统是人工建立的生态系统,在本系统中人的作用非常关键,人们种植的各种农作物是这一生态系统的主要成员。农田中的动植物种类较少,群落的结构单一。人们必须不断地从事播种、施肥、灌溉、除草和治虫等活动,才能够使农田生态系统朝着对人有益的方向发展。因此,可以说农田生态系统是在一定程度上受人工控制的生态系统。一旦人的作用消失,农田生态系统就会很快退化;占优势地位的作物就会被杂草和其他植物所取代。

农田生态系统是以作物为中心的农田中,生物群落与其生态环境间在能量和物质交换及其相互作用上所构成的一种生态系统,是农业生态系统中的一个主要亚系统。农田生态系统由农田内的生物群落和光、二氧化碳、水、土壤、无机养分等非生物要素所构成,这样的具有力学结构和功能的系统,称为农田生态系统。

（三）农田生态系统的特征

（1）系统中的生物群落结构较简单,优势群落往往只有一种或数种作物。

（2）伴生生物为杂草、昆虫、土壤微生物、鼠、鸟及少量其他小动物。

（3）大部分经济产品随收获而移出系统,留给残渣食物链的较少。

（4）养分循环主要靠系统外投入而保持平衡。

（5）相似的自然条件下,土地生产力远高于自然生态系统。

（四）农田生态系统的组成

农田生态系统的组成成分可分为生物与非生物环境两部分。

1. 各种生物

包括各种农作物、杂草、环节动物、软体动物、昆虫、两栖类、爬行类、鸟类、小型兽类和微生物等类群。从各种生物在生态系统中的作用来说,可分为生产者、消费者和还原者3类。

生产者。主要为各种农作物和杂草,它们在农田生态系统中的功能是进行初级生产,即进行光合作用。太阳光能只有通过生产者,才能源源不断地输入生态系统。所以生产者是消费者和还原者的唯一能量来源。在各种生产者当中,杂草的作用比较复杂。杂草与作物争夺光线、肥料、水分及空间,具有明显的消极作用,从这一角度来说,应该将杂草彻底清除。但杂草也有积极作用,如田边杂草,既是害虫的隐蔽所,也是各种害虫天敌的栖息地。而且农田中的害虫种类并不多,只是由于作物所提供的优越条件,使得害虫个体数量众多罢了,就种类而论,天敌多于害虫。因此有人主张,应在田边留些杂草,田埂改三面光为一面光或两面光,以利害虫天敌的栖息,有助于抑制害虫。

消费者。属于异养生物,主要由动物组成,它们直接或间接从生产者得到能量。农田生态系统中的消费者根据其食性不同,可分为草食动物、肉食动物、杂食类和寄生者四类。草食动物又称一级消费者,主要为各种植食性昆虫,即农田害虫。对于各种农田害虫的作用,需要具体分析。大量研究结果表明,农田中需要进行防治的害虫种类并不多,大多数害虫,由于天敌的存在,并不会构成虫灾。恰恰相反,它们的存在,能吸引各种天敌终年留在农田中,使天敌能及时发挥作用。因此,不少人认为,对害虫"除早、除小、除了"的提法是片面的。农田生态系统中的草食动物还有软体动物、鼠类和食谷鸟类。其中鼠类数量有日益增长的趋势。肉食动物主要为肉食性昆虫、蜘蛛类、两栖类、爬行类和鼹鼠、黄鼬等小型兽类。肉食性昆虫、两栖类、鼹鼠等以植食性昆虫为食,称二级消费者或一级肉食者。蛇以鼠、昆虫、两栖类等为食,称三级消费者或二级肉食者。杂食者主要有蚂蚁等。寄生者是一类特殊的消费者。主要为各种寄生真菌，它们造成各种作物病害。

还原者。又称分解者。属于异养生物，主要是土壤表层和土壤内的各种微生物(腐生细菌、放线菌和真菌)，也包括蚯蚓等低等动物。它们将复杂的动植物有机残体分解为简单化合物，最终分解为无机物质，归还到环境中。

2. 非生物环境

分为自然环境和人工环境两方面。一是自然环境。主要指阳光、温度、水分、大气和土壤等各种自然环境因子。农田生态系统中的这些因子，已程度不同地受到了人类影响，其中尤以土壤受到的影响最大。二是人工环境。主要指水库、人工防护林带、温室等人工创造的环境。这些人工环境的存在，对自然生态因子发生着各种影响。

(五)农田生态系统的基本功能

1. 能量流动

作物和杂草通过光合作用，将太阳能转变成化学能，蓄积于有机物中。在作物、杂草生长发育过程中，已有部分能量用于自身的代谢活动，并随着有机物的逐级转移，又有部分能量被消费者消耗。在作物成熟以后，大部分作物的有机物通过收获从田间移走。存于粮食中的能量为人畜消耗，贮存于茎叶中的能量，一部分通过燃料燃烧而散失，一部分通过肥料施肥又进入田间土壤，并在土壤微生物的代谢过程中被消耗。至于收获后留在田间的作物茎基、根系中的能量，也同样为微生物的代谢所消耗。

2. 物质循环

农田生态系统的农作物和杂草将无机物合成为有机物，用以构成自己的组织器官。在作物和杂草生长发育期间，受到草食性昆虫、蜗牛、鼠类和食谷鸟类的损害，这些草食动物将摄取来的有机物,建造自己的躯体。在草食动物取食作物、杂草的同时,肉食动物如两栖类、爬行类(如蜥蜴)和肉食性昆虫,又捕食草食性昆虫,黄鼬等也捕食鼠类(两栖类和蜥蜴还捕食少量肉食性昆虫)。这样由作物和杂草所形成的部分有机物,便一级一级地逐级传递着。在作物收割后,作物所积累的大部分有机物作为人类食物和牲畜饲料,而人、畜的排泄物又回到田间。一部分秸秆被用作厩肥或堆肥,最后也归还到田间土壤中。另一部分秸秆被用作燃料燃烧,其气体元素进入大气,固体元素也回到土壤。留在田间的作物根、茎、残枝落叶、杂草植株、各种消费者的遗体以及施入田间的厩肥、堆肥和粪尿等有机物,在土壤中被微生物分解成氨、硝酸盐及其他无机物,再供作物和杂草吸收利用。

3. 价值流动

农田生态系统的价值流动是指农业生产投入的生产资料、劳动力等价值,通过生产过程,最后变成产品的价值。这种价值随生产的进行而流动。人们要知道农田生态系统的经济效益,就必须计算其中各个生产过程的价值流动。例如,对作物施肥,是施以有机肥还是化肥? 作物收获后,其秸秆是用于燃烧还是用于制取沼气? 这当中,由于采取的措施不同,价值流动也随着发生改变。

4. 信息流动

农田生态系统中的各种生物之间,通过产生和接收形、声、色、香、味、磁、电等信号,以气、水、土转换或传递,形成生物间互相联系的信息网。例如,性成熟的昆虫分泌性外激素,能诱使几十米、几千米、甚至几十千米外的异性个体前来交尾。

(六)农田生态系统的改善方法

农田生态系统是一类组成结构简单、缺乏自动调节能力和自我完善能力的人工生态系统。这类生态系统,不仅稳定性差,而且价值流动也不合理,必须遵循生态学和经济学的原理,进行改善和提高。

1. 增加结构的复杂性

增加农田生态系统结构的复杂性,是提高系统稳定性的重要途径。要做到这一点,需要充分利用空间结构和物种的共生关系。利用空间结构,主要是根据自然资源的立体性,开展农田的立体种植,以增加光线、温度、水分和肥料资源的垂直利用厚度。利用空间结构开展农田立体种植,更重要的收益是增加了农田生态系统的结构复杂性。因为作物种类和垂直层次的增多,必然为更多的动物和微生物创造了适宜的生存条件。整个系统中生产者,消费者和还原者种类的增多,就使得空间结构和营养结构日趋复杂,自动调节能力(抗御不良环境条件的能力)不断增强,系统的稳定性就会不断提高。

2. 山川农田综合治理

农田生态系统与其周围的各类自然生态系统有着极其密切的联系。各类自然生态系统为农田生态系统的存在和发展提供必要的自然条件。尤其是森林生态系统,在调节气候、涵养水源、保持水土、防风固沙等方面,发挥着巨大作用,对农田生态系统的影响最大。因此,要使农田生产系统高效、稳定,就必须保护各种自然生态系统,特别是森林生态系统,使它们免遭破坏,正常发展。这就是说,改善农田生态系统时,不能只考虑农田本身,必须山川农田综合治理。这就是很多生态学家提出的"大农业"观点。正如人们常说的那样:没有山清水秀,就没有鸟语花香,没有山清水秀、鸟语花香,就不会有五谷丰登和六畜兴旺。

3. 使生物物质和能量多级利用

在农田生态系统中,人们利用的农作物生物物质,一般仅占 $20\% \sim 30\%$。$70\% \sim 80\%$ 的生物物质,如秸秆、糠麸、饼等,含有大量的营养物质和能量,往往被作为肥料和燃料用掉。如果使生物物质多级利用,就能大幅度提高生物物质的利用效率。多级利用生物物质的方式很多,例如,秸秆还田是人们长期以来用作保持土壤有机质的有效措施,但秸秆不经过处理直接返回土壤,须经过长时期的发酵分解,方能发挥肥效。如果将秸秆经过糖化过程,就能成为家畜喜欢的饲料,而家畜的排泄物及残渣,可再用以培养食用菌。生产食用菌以后的残菌床,又可以用来繁殖蚯蚓,最后再将繁殖蚯蚓后的杂屑残物返回农田。虽然最终还田的秸秆有机物的肥效有所下降,但增加了饲养家畜、生产食用菌和蚯蚓的直接经济效益,显著提高了生物物质和能量的利用率。生物物质和能量的多级利用,使得农田生态系统中的价值流动更加合理。

4. 建立合理的农田综合体系

农田生态系统的稳定,不仅来自自身内部的结构复杂性,而且也来自于外部其他人工生态系统的协同发展,这就是建立农田综合体系。农田综合体系是将粮食生产与林业、牧业、渔业、副业结合起来共同发展的体系,这一体系进一步增加了农田生态系统的稳定和高效。

(七)农田生态系统的多样性

农田生态系统的最大特点是它的结构和功能取决人类的需要。同样,它的生物多样性的构成也不能像自然生态系统那样,完全按照自然的规律去发展,而是要受人类需求的支配。由此,也就引出了农田生态系统中生物多样性设计的问题,即通过人工引种和培育的手段,根据增加有益因素,抑制有害因素的指导思想,组织农田生态系统中的生物多样性的构成。农田生态系统的生物多样性设计的目的是获取更大的经济与环境效益。它既包括直接从农田生态系统自身获得的效益,也包括农田生态系统"辐射"给与之毗邻的自然和城市生态系统,而间接获得的效益。

1. 农田生态系统中生物多样性对野生动物和环境保护的影响

由于农田生态系统常常与自然生态系统镶嵌在一起,因此,农田生态系统中的生物多样性状况就往往影响到栖息在自然生态系统的野生动物。在这种情况下,野生动物与农田生态系统中的生物总是保持着多种生态联系,将那些无害于农作物的物种的多样性保持在适当水平,对于野生动物的保护有着重要意义的。作为全球生态系统的一部分,农田生态系统及其中的生物多样性问题对于全球生物多样性保护的作用也同样不容忽视。通常,人们仅仅关注农田生态系统的农产品生产基地的作用,而忽略了它的生态作用,即农田生态系统作为城市生态系统与自然生态系统之间的缓冲区和生态库的作用。农田生态系统不论是在空间位置还是自然程度上,均介于自然和生物多样性程度最高的自然生态系统和程度最低的城市生态系统之间。它既可以作为一道屏障,挡住城市中人类强烈活动对自然生态系统的辐射,又可以为自然生态系统中生物的扩散提供空间。特别是在今天,人类活动范围在日益扩大,自然生态系统在日益缩小,如果不充分考虑到农田生态系统对野生动物活动空间的补充作用,那么生物多样性的保护就很难实现。此外,以农田生态系统中的生物多样性为生态库,农田生态系统还可以为毗邻的自然和城市生态系统提供一定的生态补偿。让农田生态系统中的生物多样性保持在一个适当的水平,对于保护自然生态系统中的生物多样性和改善城市生态系统的环境质量,都有着不可低估的作用和意义。

2. 农田生态系统的多样性对人类经济利益的影响

生物多样性保护与区域可持续发展农田生态系统中的生物多样性对于人类可能从农田生态系统获得的经济等方面的利益有着重要的影响。在农田生态系统中,尽管人们感兴趣的仅仅是作为农作物的植物,但是作为开放系统,外部生物物种的迁入是无法避免的。从分类学、系统学和生物地理学的角度来看,研究农田生态系统中的物种多样性的形成、演化和维持机制,多角度、多层次地抑制有害物种,使其数量不但低于经济为害水平,而且还可以反过来刺激作物增产,变害为利,促进作物的生长。此类问题常常出现在作物—害虫—天敌系统,作物—植物系统,作物—微生物系统和其他与作物生长有关的系统中。利用多样化的生物群落结构和物种关系,促进那些对作物有利的因素,抑制那些对作物有害的因素,提高产量,使人类能够从农田生态系统获取更大的经济利益。在农田生态系统中,以农作物为主体的生物群落的结构和动态(包括演替和波动)方面的多样化受到由气候、土壤、水文等环境因素形成的生境多样化的影响。生境的多样化导致了生态位的多样化,农作物的生态位与其他物种所占的生态位之间的重叠程度直接影响到它们的生长。另外,对于那些尚未在本区域内形成危害的物种,根据其对生态位的选择和本系统中的生态位的多样性状况,进行潜在生态位分析,以预测其可能的危害区域。同样,外来物种的引入也需要进行潜在生态位分析,来确定其可能的引种区域。此外,转基因生物对农田生态系统生态安全可能形成的威胁,是当前人们关心的热点。农田生态系统中生物多样性的相关信息将会是一个重要的安全评价指标。用害虫种群的"生态控制"逐渐替代"综合防治",是当前害虫管理对策的一种新的发展趋势和生态控制的主要手段。应用生物多样性的思想和方法,指导害虫的生态控制,实施天敌的生境保护,有利于深入利用生态系统内在的调控机制。而探讨生物多样性与害虫暴发的关系,可为揭示生物灾害的形成机制开辟新的途径。发展复合农林业也是当前种植业的一个趋势。它是根据自然条件,采取乔木、灌木等林木与草本植物(包括农作物、牧草等)的套种,实行农林结合,取得相互防护与补偿的效果,促进生态和经济均获得良好的效益。在这其中,就涉及景观多样性的问题,如何确定乔木、灌木等林木和草本植物的斑块的大小、形状和数量,如何划定有关的廊道的位置和宽度,都已成为研究的重点。

3. 农田生态系统中生物多样性资源的持续利用

生物多样性的保护对于人类来说,除了道义上的责任外,很大程度上是为了持续利用。在农田生态系统中,同样存在着生物多样性的持续利用问题,其中包括各种有利于农作物的植物、微生物和昆虫等的持续利用。随着生态农业的出现,人类开始注重利用生物的手段去抑制害虫和杂草,提高作物产量。但是,持续利用农田生态系统中的生物资源问题却很少被提及。对于那些有益的生物,常常是任其自生自灭,很少考虑过加以保护,一旦希望利用时,已无处寻觅或数量过少,这也是生物在害虫防治和其他方面所起的作用,总是不能令人满意的原因之一。要想真正使农业实现生态化,重视农田生态系统中生物资源的持续利用是刻不容缓的。对于那些野生的生物资源,除了控制农药的使用外,如何利用作物种植和景观的布局,为它们提供生息、繁育、避难和越冬的必要条件将是持续利用的研究重点。

(八)农田生态系统管理

1. 科学规划、合理布局

一是选择适宜生态区。根据当地的气候、土壤等生态环境条件以及农作物生长对生态环境条件的要求,选择适宜种植的农产品生产区域。二是有一定的生产规模。三是产地集中连片,范围明确。

2. 产地达标、污染受控

一是没有污染源。产地所在区域内无工矿企业的直接污染,水域上游、上风口没有污染源。二是产地环境质量符合无公害农产品产地环境质量标准要求。如无公害水稻产地内的大气、灌溉水、土壤环境质量检测结果应符合 NY 5332—2006《无公害食品大田作物产地环境技术条件》标准。三是产地环境保护控制措施。产地环境中长期保护计划、措施。开发项目环境评估与污染控制(含农业污染)。定期监测、评价。

八、生态系统进化

(一)生态系统进化的概念

生态系统进化是生态系统在地球环境逐步发展、改善中形成的演变过程。生态系统在生物与环境的相互作用下产生能流和信息流,并促成物种的分化和生物与环境的协调。其在时间向度上的复杂性和有序性的增长过程称为生态系统的进化。

当生物在 35 亿~38 亿年前出现之时,最早的微生物生态系统就在地球上建立起来了。自那时以来,生态系统经历了一系列不可逆的改变。严格地说,生态系统本身并不发生达尔文式的进化,即由自然选择造成的遗传组成的改变(也叫做生物进化)。生态系统是由一定的生物组合和非生物环境(包括生物的产物)所构成的复杂的动态结构,系统内和系统内外之间有物质、能量和信息交流。按控制论概念,生态系统是控制系统。一个控制系统由一系列不同单元或不同部分组成,其中任何一个组成单元都可能以多种不同的状态存在,而存在状态的选择受到系统内其他组成单元的影响和制约。相互作用的各单元组成了复杂的反馈环。系统的每一个现有状态都给予未来状态一个限定,系统通过其组成单元之间的相互作用和相互制约而限制了无数可能状态的实现,因而携带着信息。生态系统正是这样的系统。一个生态系统通过其内部各组成部分的相互作用而达到某种稳定有序的结构和自我控制。控制的机制就是信息的表现,只要有相互作用和控制,就有信息储存,信息的储存意味着机制复杂性的增长。

一个生态系统与它的外环境(包括其他的生态系统)之间有物质能量的交流,因而是一个开放系统。一个生态系统由建立之初的不稳定的无序的状态,通过与外部的物质能量的交换和内部的自我组织过程而逐步达到相对稳定的、有序的状态,并且依靠外部能量的流入(主要来自太阳)和内部能量的耗散来维持其稳定有序的结构。因而生态系统也符合耗散结构的概念,所以生态系统在时间向度上的复杂性和有序程度的增长过程,符合广义的进化定义(指物质由无序到有序、从同质到异质、由简单到复杂的变化过程)。

(二)在生态系统内的物种进化

在时间的向度上来考察生态系统,构成生态系统的两大部分——生物与环境,都随时间而改变,但这种改变又不是孤立地发生的。在自然界中,生物种是生态系统中的功能单位,任何物种都处于一定的生态系统的构架之中(当然,物种与生态系统的关系不是大框框套小框框的关系,一个物种的不同种群可以属不同的生态系统),自然界中不存在脱离生态系统的孤立物种,也不存在孤立的物种进化。生态系统内生物之间、生物与其环境之间的复杂关系构成了物种进化的背景,某一物种的进化受生态系统内其他物种和环境因素的制约,因此,物种在生态系统内的进化,表现为该物种与其他相关物种及环境的协进化。J. 哈钦森写的"生态的舞台,进化的表演"最恰当地表达了此种协进化的概念。某些生态学家曾指出,物种在生态系统内的进化处于一种近乎平衡的状态,协进化的结果是导致某一具体环境的生态系统内的生物的最佳组合和生物与环境的相对稳定的关系。

(三)生态系统进化的趋势

(1)随着生态系统内生物的进化,生态系统的物质能量利用效率逐步提高,表现为初级生产力的提高(由化学合成到光合成,由光合系统 I 到光合系统 II)和能量转换率的提高,从而导致生物量对初级生产的比值的逐步上升。

（2）生态系统的复杂程度逐步提高,表现在随着物种分异度的增高而造成生态系统内生态关系复杂化,系统内物质、能量的转换层次增多。

（3）生态系统所占据的空间逐步扩展:由半深海底到浅海有光带、到海洋表层水域、到陆地及陆上水体和空中。

（4）生态系统内物种占据的小生境由"不饱和"状态逐步达到"饱和"状态。表现在物种之间竞争逐步加剧,物种寿命缩短,绝灭速率和种形成的速率提高。在早期阶段,新种的产生往往增加系统内的新的环节,但并不常常引起绝灭,前寒武纪"长寿"的物种较多可以证明这一点。显生宙以后新种产生往往导致老种绝灭,新老物种之间的替代关系很明显。地球环境的不可逆变化和生物进化是驱动生态系统进化的基本因素。

（5）生态系统的进化又加入了人类活动的因素,看来,未来的生态系统进化趋势主要取决于人类活动。当前人类活动正在导致环境的大改变和生物的大绝灭,这将引起生态系统的不可逆的改变,这关系到人类的命运。因此对生态系统进化历史及其规律的了解可能有助于掌握和控制生态系统未来的进化。

第二节　生态平衡

一、生态平衡的概念

所谓生态平衡,指的是地球上的所有事物平衡可持续的发展,包括地球上的所有物种、资源等。但一般指的更多的是人与大自然的相处,人与自然环境的和谐相处。

生态环境发展失衡的现状如下:

（1）不可再生资源的过分开采利用。

（2）垃圾、废气的过度产生,污染源的扩大。

（3）过度砍伐以及工业造成的温室效应和全球气温上升。

(4)生物链的破坏,物种濒临灭绝。

二、生态失衡的主要原因

破坏生态平衡的因素有自然因素和人为因素。自然因素如水灾、旱灾、地震、台风、山崩、海啸等。由自然因素引起的生态平衡破坏称为第一环境问题。由人为因素引起的生态平衡破坏称为第二环境问题。人为因素是造成生态平衡失调的主要原因。

三、人为因素导致生态失衡主要表现

(一)对生物信息系统的破坏

生物与生物之间彼此靠信息联系才能保持其集群性和正常的繁衍。人为地向环境中施放某种物质,干扰或破坏了生物间的信息联系,有可能使生态平衡失调或遭到破坏。例如自然界中有许多昆虫靠分泌释放性外激素引诱同种雄性成虫交尾,如果人们向大气中排放的污染物能与之发生化学反应,则雌虫的性外激素就失去了引诱雄虫的生理活性,结果势必影响昆虫交尾和繁殖,最后导致种群数量下降甚至消失。

(二)使生物种类发生改变

在生态系统中,盲目增加一个物种,有可能使生态平衡遭受破坏。如1859年从英格兰带了25只野兔到澳大利亚,由于没有天敌,造成澳大利亚生态系统严重的破坏。又如,1906年美国亚利桑那洲的卡巴森林为保护鹿群,捕杀肉食动物,导致鹿群大量繁殖最后没有食物,濒临灭绝。再如美国于1929年开凿的韦兰运河,把内陆水系与海洋沟通,导致八目鳗进入内陆水系,使鳟鱼年产量由2 000万千克减至5 000千克,严重破坏了内陆水产资源。在一个生态系统减少一个物种也有可能使生态平衡遭到破坏。20世纪50年代我国曾大量捕杀过麻雀,致使一些地区虫害严重。究其原因,就在于害虫天敌麻雀被捕杀,害虫失去了自然抑制因素所致。

(三)使环境因素发生改变

如人类的生产和生活活动产生大量的废气、废水、垃圾等,不断排放到环境中。人类对自然资源不合理利用或掠夺性利用,例如盲目开荒、滥砍森林、水面过围、草原超载等,都会使环境质量恶化,产生近期或远期效应,使生态平衡失调。

四、保护生态平衡是人类文明的进步

(一)保护环境是人类的重大进步

在古代,人类和自然是不平等的关系,人类是弱者,处处受到大自然的限制却无力改变自然。于是人类把大自然视为敌人,战天斗地成为一项难得的品质,愚公精神千百年来受到不断颂扬。

随着工业时代的来临,人类科学技术水平不断提高,人与自然的关系发生了逆转,人成了强者,而"温和的自然"却成了容易受伤的对象。高度提纯的化学制剂,如杀虫剂、油漆、洗涤剂等对自然环境构成了重大威胁。大规模的能源消耗改变了大气的构成,进而改变了地球气候。卫生条件的改善使人口急剧增加,人类活动大量破坏了地球的森林和湿地资源。于是,"温和的自然"变为"凶恶的自然",人类施加给它的,它最终都要归还人类。被高度提纯的化学制剂污染了水和土壤的地区,畸形儿和绝症的出现比率大大高于正常地区。石油资源一旦枯竭,人类的生活质量和社会的正常运转必定遇到问题。气候异常必定带来水灾或干旱,饥荒也将伴随着种种天灾降临人间。"凶恶的自然"将再一次让人类成为弱者,人类和自然的关系又将回到起点。要想改变这种状况,人类就必须保护"温和的自然",不让它继续恶化,保护环境就是保护人类自身,这是人类经历工业化,在自信心极端膨胀之后的可贵共识。

(二)人类在维持生态平衡问题上有七大进步

1. 清洁汽车问世

汽油电动混合型汽车已经问世,并且已经在日本、西欧和美国的道路上行驶,这种汽车可以大大减少二氧化碳的排放量。而美国科罗拉多州的"超级汽车"公司的发明家们正在研制零排放的汽车。其中一种汽车设计是以氢气作为燃料,发明者声称,开这种汽车外出度假可以不带饮用水,因为这种汽车排出的就是 100% 的纯净水。而电动汽车的前景也十分看好,它很有可能成为下一代个人代步工具。

2. 更环保的建筑

环保建筑物最重要的标准就是减少能量消耗。欧洲一些民宅的屋顶开始安装吸收太阳光能量的瓷片,而美国加利福尼亚的"壕沟"公司也开始在办公室的屋顶安装高性能的隔热玻璃。而位于美国马里兰州安纳波利斯市的 Chesapeake Bay 基金会总部的办公楼的环保设计更是超出一筹,利用特殊贮水装置,办公楼的抽水马桶采用收集的雨水冲洗。使用太阳能电池板来向办公室提供电力供应。相对普通的同样面积的建筑,这栋办公楼只消耗了 1/3 的电力和 1/10 的纯净水。

3. 封杀 12 个"环境杀手"

2001 年在瑞典城市斯德哥尔摩举行的联合国会议上决定在全球范围内限制使用 12 种碳、氯制剂的化学药品。此举是为了保护空气、水和土壤资源不受污染。会议呼吁限制或完全消除顽固的有机污染物如氯气、DDT 农药和 PCB 农药等。1987 年通过的禁止使用氟利昂(CFC)的协议已经发挥作用,地球臭氧层的破坏速度变缓。

4. 酸雨危害的减少

美国和欧洲已经证明了减少的二氧化硫和二氧化氮排放对

地球表面环境有相当大的改善。在 20 世纪 80 年代,发达国家开始控制二氧化硫的排放来减少酸雨对环境的巨大危害。它们开始禁止在工厂中使用炭作为燃料,转而使用更加清洁的能源例如天然气和净化炭来发电。汽车也被改造,所用汽油的标号更高,燃烧后二氧化氮的排量大为减少。酸雨在美国和西欧的危害已经大为减轻,以英国为例,酸雨危害在过去 15 年里减轻了一半。

5. 企业的环保运动

世界知名大公司日益意识到,环境保护能够帮助它们吸引更多的客户。施乐公司的"无废物计划"回收了该公司工厂 2002 年产生的 80% 的无危害固体废料。它还把 6 万多吨的已填埋电子废料取出,重新回收利用。施乐公司的这个举动一年可节约数百万美元。施乐公司的这种可持续发展的做法受到环保团体的欢迎。很多大公司也都意识到环保回收的巨大作用,壳牌、IBM 这些世界知名大公司都纷纷推出自己的"清洁计划"。

6. 生态旅游的发展

总部设在美国的"国际生态旅游社会"将生态旅游描述为"保护环境和支持当地人民福利的负责任的旅游"。生态旅游和它所产生的利润在世界范围内已经成为支持发展中国家政府财政收入来源的重要渠道,它以每年 30% 的速度在急速增长。自然环境同文化传统一样成为吸引旅游者的重要动力。但环境主义者仍然担忧,生态旅游市场经济的作用远远大于保护环境的意义。

7. 环保意识在增强

经过长期的宣传,环保意识已经为很多人和政府所接受,人们开始关心人类活动对大自然的影响,并希望这种影响不会恶化自然环境。政府间开始通过合作来处理环境问题,1992 年里约热内卢峰会、1997年京都气候会议和2002年南非的约翰内斯堡峰会都体现出了世界环保意识的加强。虽然,美国因为自身利益拒绝执行《京都议定书》,对未来跨国环境合作造成重大损害,但国际环保努力的进程却是不可逆转的潮流。

五、近年,生态平衡进一步恶化的表现

(一)对石油无节制的需求

地球上有很多河流,但还有一条河流是我们没有意识到的,那就是石油形成的河流。每天石油形成的河流都围绕在我们身边,而这条河流的流量是每秒钟1 100立方米。自20世纪90年代以来,世界石油的消耗量增加了14%,而且还在不停地增加。在每年向大气排出的240亿吨二氧化碳中,有40%来自石油的燃烧。在人类历史上,目前大气中温室气体的含量是42万年来最高的。世界上2/3的石油储备聚集在中东地区,这也成为该地区政治和经济不稳定的最重要因素。有的时候,人们会认为上天太厚爱中东地区,给它如此集中和富裕的液体黄金,但是石油虽好,却也给该地区带来永不结束的冲突和纷争,在这些石油耗尽之前,这种冲突和纷争似乎没有结束的时候。

(二)地球变暖

科学家已经发出警告,日益增加的温室气体的排放会使气候急剧变化,海平面上升。据美国全国气象局的统计报告,美国2001年11月到2002年1月这3个月的平均气温是自1895年以来最高的。同样,全球范围内这3个月的平均气温也是自1895年以来最高的。气温上升的直接威胁是海平面上升,同时会引发其他的极端气候现象,造成自然灾害。

(三)超级大坝不断增加

人们以为修建超级大坝显示了自己改造自然的能力。的确,大坝改造了自然,提供了电力,但也给环境带来很多不利影

响。大坝改变了河流的自然流向,改变了洪水自然泄洪的方向。大坝在地面上形成非天然的蓄水库,这样影响了鱼类的自然分布。在 1950 年,世界范围内的大型大坝大约有 5 000 个,但到了 2000 年,超级大坝的数量激增到 45 000 个,而且规模不断加大,对自然的改造作用也越来越大。平均来说,每天都有 2 个高度超过 15 米的大坝建成,新建大坝基本上都位于发展中国家。有些巨型大坝高度超过 180 米,宽度超过 1 500米。修建这样的大坝的代价是惊人的,要淹没大面积的土地,无数物种要另择栖息地。

(四)逐步消失的湿地

很多人其实不知道湿地的重要性。湿地为鱼类、许多鸟类和两栖类动物提供了栖息场所,成为生态系统里重要的环节。另外,湿地有很强的消化污染物的能力。但是在世界范围内,湿地的面积正在高速缩减。从美国的亚马孙盆地到伊拉克,湿地都逃不过悲剧命运。湿地消失的根源是人类的农业活动、水利活动和其他发展活动。开垦更多的耕地,修建更多的大坝使湿地逐渐消失。科学家们估计,在过去的一个世纪里,湿地面积已经缩减了 50%。1971 年 2 月 2 日,132 个国家曾在伊朗签订了《保护湿地公约》。现缔约成员达 160 个,我国于 1992 年加入,但是实际上公约的约束力和作用是相当有限的。

(五)过度捕鱼

人类科学技术使捕鱼速度和数量都超过了海洋的天然补给能力,这样的结果是很多鱼类的数量正在锐减,甚至到了灭绝的边缘。现在每年海洋中鱼类的总量正在以每年 1% 的速度减少。科学家们提出把特定的海洋区域划为保护区,停止捕鱼,让大自然有时间和机会重新积蓄。但人类似乎不愿意给自然这样的机会。限制捕鱼会直接影响渔民的收入和生活质量。而鱼类市场只讲究价格和利润却从不考虑物种保护。

（六）越来越少的珊瑚礁

在所有的海洋生物中,有 1/4 的栖息地是珊瑚礁。但是在过去的 50 年内,珊瑚礁的数量已经减少了 27%。仅是在 1998 年发生的尼尔尼诺现象中,世界珊瑚礁的数量就一下子减少了 16%。造成珊瑚礁死亡的最直接原因是海水变暖。当然,海洋中来自太阳的辐射增加和渔民野蛮的捕鱼方式也是珊瑚礁消失的重要原因。

（七）核废料的处理

2003 年全球超过 440 个商用核反应堆会产生超过 11 000 吨的核废料。如何处置这些核废料给人类提出了难题。首先这些核废料很可能会有泄漏的危险,其次这些核废料很可能被恐怖分子获得,从而用于可怕的目的。美国有超过 100 个核反应堆,产生的核废料占世界总量的 25% 左右,而处理核废料的核垃圾场就更多了,共有 131 个。共有超过 1 亿人生活在核垃圾堆附近 100 千米以内的范围内。无论将核废料运到哪里,都不可避免地给当地造成污染。利用核能越多,类似的污染就会越多。在享受核能的超级动力时,人类千万不要忘记核废料的隐忧。

第三节　生态环境保护问题

一、实施生态环境保护的目的和意义

（1）节约能源资源,保护生态环境,是深入贯彻落实科学发展观、实现可持续发展的内在要求。在当前巩固经济发展企稳向好的关键时期,各地区各部门一定要采取更加强有力的措施,坚持把节能减排放在更加突出、更加重要的位置,加快发展太阳能等可再生能源,加快开发洁净煤、智能电网、新能源汽车、碳捕捉等技术,加快建筑节能步伐,培育以能源资源集约节约利用为特征的新的经济增长点,为实现经济社会可持续发展提供新的不竭动力。

(2)节约能源资源,保护生态环境,是当前世界各国关注的焦点。近年来,世界能源消费剧增,生态环境不断恶化,特别是温室气体排放导致日益严峻的全球气候变化,人类社会的可持续发展受到严重威胁,走可持续发展之路逐步成为国际社会的共识。我国作为能源消费大国,人均资源少、环境容量小,节约能源资源,保护生态环境,是深入贯彻落实科学发展观、推进生态文明建设的必然选择。我国对节约能源资源,很早就给予了高度重视,提出应该建立适应可持续发展要求的生产方式和消费方式,优化能源结构,推进产业升级,努力建设资源节约型、环境友好型社会。要求必须把建设资源节约型、环境友好型社会放在工业化、现代化发展战略的突出位置,落实到每个单位、每个家庭。如今,节约能源资源,保护生态环境越来越成为各方面的自觉行动。

二、生态环境保护主要应该做的工作

(1)坚持把节能减排放在更加突出、更加重要的位置,不断加大工作力度。在保增长的过程中绝不能忽视节能减排,要不断完善政策措施和工作机制,切实使节能减排综合性工作方案落到实处。对钢铁、电解铝、水泥等高耗能、高排放行业,要采取措施,管住增量、调整存量、上大压小、扶优汰劣,支持企业围绕节能减排加快技术改造,进一步完善促进落后产能退出的政策措施。要继续抓好节能减排重点工程建设和重点流域水污染治理。要大力发展节能环保产业,依托重大工程项目,推广使用节能环保新技术、新工艺和新产品,推进矿产资源、水资源等的循环利用和垃圾资源化利用。要按照谁污染、谁治理,谁投资、谁受益的原则,促使企业开展污染治理、生态恢复和环境保护。要继续广泛深入地开展节能减排全民行动,大力弘扬健康文明、节能环保的生产方式。

（2）坚定不移地加快转变经济发展方式,推动产业结构优化升级。要进一步落实好重点产业调整和振兴规划,大力推进信息化与工业化融合,加快发展现代能源产业和综合运输体系。要采取综合措施,推动传统产业改造升级,制定和落实发展新兴产业的规划和政策。要完善服务业发展政策,支持服务业关键领域、薄弱环节发展,支持有条件的大城市逐步形成以服务经济为主的产业结构。要积极鼓励优势企业强强联合,鼓励关联企业、上下游企业联合重组。

（3）把自主创新作为结构调整、转变发展方式的中心环节。各企业在继续引进国外先进技术的同时,应把立足点转移到自主创新上来。要加快实施重大科技专项,进一步调整科技经费投入结构,确保重大科技专项资金及时足额到位;发挥行业骨干企业的带头作用,强化产学研结合,带动中小科技企业参与重大专项实施。要围绕节能减排、环境保护、技术改造和产业升级、改善民生等重点领域,集中要素资源,着力突破一批支撑经济社会发展的核心关键技术,提升企业核心竞争力。要加强基础研究和前沿技术研究,建设一批开放共享的科技基础设施和平台,加强人才队伍建设,提升科技持续创新能力。要继续支持科技成果产业化和规模化应用,推动高技术产业集聚和特色产业基地发展。要发展创新文化,加大知识产权保护力度,形成全社会共同推进自主创新的良好环境。

与此同时,在着力扩大内需的过程中,还要不失时机地积极引导有利于能源资源节约的消费方式,动员全社会的力量努力营造有利于形成节约能源资源和保护生态环境的消费模式。要通过通俗易懂、丰富多彩的宣传,深入开展有关节能减排的宣传教育活动,促使广大消费者接受有利于形成节约能源资源和保护生态环境的消费理念并积极实践、大力推广。要进一步完善有利于形成节约能源资源和保护生态环境的消费政策措施,在不断挖掘城乡有效消费需求、提升消费意愿和购买力的同时,注重提高消费的质量,避免盲目的浪费行为,抑制不利于资源节约和环境友好的消费方式。

第四节 美丽乡村规划设计模式

根据以上理论分析,将村庄类型共划分为四类:城中村、城边村、典型村以及边缘村。美丽乡村规划主要包括以下几个部分:生态人居设计、生态产业设计、生态环境与生态文化四个部分。

一、城中村

(1)涵盖范围。位于城(镇)规划范围内的村庄。近年来,随着城市化进程的加快,城镇建设用地不断向四周扩张,城镇范围进一步扩大,农民土地被征用,将原本属于临近村庄的用地划入城镇中,成为城镇中的村庄,这就是所谓的"城(镇)中村"。

这类村庄因位于城镇区内,本身位于经济辐射的中心地带,因此具有一些其他村庄所没有的便利条件,如某些城镇设施的共享等,但同时又相应的存在一些不利因素。

(2)自身优劣势分析。"城(镇)中村"现象,是我国城市化过程中特有的城市形态,是城市建设急剧扩张与城市管理体制改革相对滞后造成的特殊现象。

①发展优势:城(镇)中村因位于城市之中,在应用城市设施方面具有很大的便利性,例如公园绿地,给水、排水、医疗等设施的共享,这些地区的村民基本没有固定工作,每月通过租赁房屋即可拥有可观收入。

②发展劣势:村庄的建设用地,并未被划为城镇用地,这在某种程度上阻碍了城镇发展,同时其建筑一般由非正规建筑队

施工,质量没有保证。另外村庄内基础设施建设滞后,外来人员居住较多,环境质量状况不容乐观,这些影响了城镇的整体生态景观。

(3)建设目标及建议:村庄用地通过置换进行小区集中性建设,注意小区内部环境与配套生态设施(如中水节能设施)的建设;置换出的用地进行城镇建设尤其是应注意与周围生态小环境的改善。

二、城边村

(一)涵盖范围

位于城(镇)郊区,即位于城镇强辐射区的周边村庄。

在每个市(镇)区周围都分布着数量不等、规模不同的村庄,这些村庄与其依附的城(镇)市存在着千丝万缕的联系,但对他们的规划与开发建设相对滞后,具体表现在规划水平不高、规划雷同、建设发展无特色等方面。

(二)自身优劣势分析

1. 优势分析

(1)靠近市(镇)区,有便利的交通条件。村庄与市(镇)区之间在区位上比较接近,远的不过数千米,近的则不过几百米,甚至有些已经与市区连在一起,它们与市(镇)区之间更容易产生各种各样的联系,无论是发展经济还是进行村庄建设以及信息的获得、交通的便利等都是远离市(镇)区的村庄所无法比拟的。

(2)便于接受市区的经济辐射。市(镇)区是一定区域内的经济中心,因此都存在一定数量规模的企业,这些企业所需要的一些配件生产就要分散到周围的村庄进行生产。而随着市(镇)区建设用地的日益紧张,越来越多的房地产项目也迁移到郊区的村庄,带来大量的消费人流。

③充沛的环境资源和生态资源。一般而言,村庄的城镇化程度不高,自然环境就比较优越。近年来,随着国际社会对绿色消费、生态城市的重视,生态资源显得越来越宝贵和稀缺,城郊村庄拥有的生态资源不像偏远村庄那样难以开发,所以价值更高。

④易于利用的人文资源。因为交通便利,城(镇)郊的村可以很好地利用城市里大专院校、科研机构的专家和人才资源,专家可以随时来授课、指导,而很多高校的毕业生也乐意来城郊的村庄工作或生活。如此便为村庄的发展注入了科技的动力。

2. 劣势分析

(1)富余劳动力多。距离城市越近的地区人口密度越大,相应地出现了人多地少、富余劳动力多的现象。人多地少,这在改革开放之后是个普遍现象,在城(镇)郊村庄中表现得尤为突出。

(2)人口构成复杂。城(镇)郊村庄一般来说经济比较发达,具有一定的吸引力,因此,不少村庄富余劳动力就自发来到城(镇)郊村庄务工经商。除务工经商人员之外,城(镇)郊村庄还有城市里无房户或者在城市务工经商而租住在城(镇)郊的人员等。

(3)建设用地剧增,人均耕地锐减。伴随着国民经济和各项社会事业的蓬勃发展、人口数量的不断增加和居住条件的日益改善,人均占有耕地急剧减少,人地关系日趋恶化。村庄扩建蚕食邻近良田。村庄用地占用的土地有相当一部分是属于经长期耕种而熟化的良田。因此,村庄扩建占地不只是一个数量概念,而且还是一个质量问题,这也是造成全国各地耕地质量普遍下降的重要原因之一。

(三)建设目标及建议

(1)尽量利用市区的便利基础设施,依托市(镇)区进行自身的建设,在用地布局及功能分区方面要与市区形成有机衔接。

(2)应充分利用便利的交通条件发展有利于村庄生态产业的发展,促进村庄居民收入的增加。

(3)社会文化设施要放在重要的地位来考虑,在规划的用地布局上予以合理安排,注意体育设施的布置。小绿地、小游园、文化广场都是陶冶人民情操、交流感情、休闲的场所,均予以全面考虑。

(4)立足自身特色,发展特色产业每个村庄都有自己独特的地域特色和独有的资源。如何充分合理利用自身资源、发展特色产业是村庄发展的根本。

(5)生态优先,注重可持续发展村庄一般都有较城市更为良好的生态环境,所以在开发中要特别注意景观生态学思想的应用,理性开发利用土地,走可持续发展的道路。

(6)生态整体网络的建立。城镇与城郊之间属于城乡过渡地带,城郊村的农业用地相对于城镇来说具有更好的也是更直接的生态环境空间网络的完善作用,因此应处理好农业用地生境与城镇环境之间的生态和谐,同时应注意整体生态网络系统的完善。

(四)村庄生态建设模式

这种村庄模式进行生态分区时分为3部分:居住区、观光休闲产业区与农业区。其中观光休闲产业区以小型教育、休闲产业为主,主用服务对象为所属城镇居民。考虑到村庄农业用地较少,以种植经济作物为主,服务对象主要为城镇居民,同时应注意农业用地与城镇景观之间网络体系的建立。设施配置方面主要考虑与城镇的共享,节约经济资金的投入。

三、典型村

(一)适用范围

介于城(镇)郊生态村与边远地区生态村之间,这类村庄在村庄里所占数量较多。

(二)优劣势分析

1. 优势分析

作为城(镇)郊村匮乏资源的后备补充。考虑到这类村庄距城(镇)郊较近,针对城(镇)郊村的匮乏资源具有一定的后备补充能力,如大规模的养殖业供应方面等。

2. 劣势分析

(1)发展目标盲目,环境污染问题逐渐加剧。一方面,由于传统社会结构单一化和原始落后的社区观念未能适应当前的经济发展需要,以致社区缺乏统一的社会经济发展目标和发展动力,一些中小城镇在其城镇总体规划或城镇体系规划中虽然有所涉及,但也只能是有心无力,此外优先发展中心城镇等现行诸多政策也使这些地区短期内无法制定其有效的发展目标。另一方面,众多村庄在近期发展中过于注重短期利益所带来的好处,而忽视了对环境的保护,逐渐出现了大气污染、水质恶化等环境问题,原因主要在于只注重设立新的工业企业,而忽视了对环境造成的负面影响和破坏后的治理等方面。

(2)基础设施状况较差。村里基础设施配置简单,设施陈旧,和生活有关的基础设施十分落后,如电网老旧、电压不稳、电价昂贵;没有完善的排水系统;大部分地区没有自来水,吃水一般靠自家的水井或是挑水来用,甚至有些地方饮用水水质都达不到国家最低要求;交通、信息状况较差,亟待完善,这在很大程度上限制了村庄生活水平的提高。

(3)村庄用地布局混乱。因为长期缺乏村庄规划设计,村庄整体布局采用村审批的办法进行,对于工业用地从来不考虑工业对周围环境的影响,出现了工业用地与其他用地相穿插的现象,这在一定程度上影响了村庄的发展,同时也对村庄产生一定的环境污染问题。

(三)建议与目标

为提高村庄的经济竞争力,对这类村庄可进行适当的合并。规划时应注意村中各项功能用地的生态布局,对村庄建设用地进行适当集中,从而可节约各项设施的资金投入力度;根据本村特色产业可进行生态产业定位,适度发展小型旅游景区;另外,也应注意在原有产业链的基础上进行产业链的完善,使村庄基本达到零污染;最后在设施配置方面,这类村庄要求配置比较完善。

具体做法如下。

(1)适时调整行政区划,合理合并自然村落。通过适时调整乡村行政区划、合理进行迁村并点来增强集聚效应和提高规模效益,从而为村庄经济和社会发展节约土地资源。

(2)完善村中基础设施。尤其是通往城镇道路交通的完善,为村庄经济发展打下坚实基础。完善村中的环卫处理设施,尤其是垃圾处理场。

(4)完善村中产业布局。尤其是针对城镇匮乏产业。

(4)村庄生态环境的完善。对村中产业发展应以无污染产业为主,针对一些污染性产业确有需要的也要进行生态环境评估,注意经济与环境之间的和谐。

(四)村庄生态建设模式

村庄在进行功能分区从大的方面可分为3部分,其中,生态产业主要结合本村实际情况设置,考虑村庄远离城镇,因此,发展产业应以品牌、专业取胜,服务对象为乡邻省份、甚至全国;其农业区主要以种植农产品为主。

四、边缘村

(一)适用范围

位于城镇的边缘地区,也可以说是位于两城镇的交界处。

这类村庄因为经济落后、与外界联系较少而保留了以前很多的优良传统,且环境景观良好。这类村庄往往处于山区、平原、河谷、盆地等边远地区的村庄地区,这些地区往往由于自身发展经济状况和环境等外部条件的制约,而发展艰难。

这些村庄因为没有什么产业发展,外出打工人员较多,造成本村人口资源流失状况严重,同时因为村庄建设的无序性,土地资源浪费情况在这些地区尤其严重,但这类村庄生态环境状况保存良好。

(二)自身优劣势分析

1. 劣势分析

(1)与外界联系极度缺乏,信息闭塞。因为边远地区村庄的特殊情况,其与外界联系极度缺乏,甚至有些行政村通往乡镇的道路为泥泞土路,到乡镇只能采用步行的方式。同时,村庄居民的主要活动区域和场所仅局限于附近几个同等经济状况的村庄,与外界缺乏有机联系性,因此同质性较强,缺乏能流、信息流之间的有效移动。

(2)人口流失情况严重。因村子所处地理位置极大地受到周围环境的影响,村民生活环境基本处于比较原始的刀耕火种的生活:肩挑、手提、人牛拉犁……有的山区连人走路都要手脚并用,就更不用提现代化设施的完善了,这导致了大量的人流外出打工或外迁,从而促使村中居民进一步减少。

(3)建设资金筹措困难,缺少相应的体制保障。发展资金问题是限制边远地区村庄发展的重要因素。边远地区村庄发展的必备条件是不可能靠少数人或政府的资助来得到根本解决,交通及社会服务设施等基础建设均需要大量资金,而没有合理的资金分配制度和正确的市场策略是难以保证的,从中央到地方政府都无力长期承担数量巨大的村庄社区所需的配套发展资金,只能发动社区自身的力量和依靠政府的协调来达到筹措资金的目标。因而,只能建立合理的实施资金循环体制才能从根本上解决资金困难问题。

(4)土地资源浪费严重。在边缘地区,村庄建筑面积一般超过国家规定标准,且布局分散导致村中大量的农业用地变为村庄建设用地或者被荒芜下来。

2.优势分析

(1)生态环境状况整体良好。边远山区因为地理位置特殊,村庄基本没有污染性产业,即使存在数量也极少,其污染程度也远远小于自然环境的净化能力,因此这些地区往往保存有价值极高的自然生态环境。这些地区往往具有生物的多样性,这在城市里以及其他类型的村庄极为少见。

(2)具有保存价值较高人文景观。边远地区因所处地理位置关系,长久以来与外界缺乏联系,尤其不容易遭受到历史的变迁、战争的洗礼,因此保存状况良好。例如位于山西省五台县豆村的佛光寺,即为我国唐代木构建筑。

(3)具有特色的民俗风情。边远地区村庄长久以来因与外界接触较少,所以村里的民情风俗几乎不受外界影响。

(三)建议与目标

(1)完善村中基础设施的配置:对村中一些陈旧的基础设施进行完善,同时要处理好和外界联系道路的完善。

(2)主导产业以发展旅游业为主:借助村中特色环境可开发自然探险游、民俗风情游、人文景观游等特色产业,这是边缘型美丽乡村发展的主要出路。

(四)村庄生态建设模式

此类村庄功能分区共分4个区:居住区、文化民俗旅游区、生态产业区、农业区。这类地区因地处偏僻,与外界联系较少,很多具有传统特色的建筑或技术得以传承,同时还拥有较传统的民俗风情,因此可面向全国发展民俗文化旅游;生态产业可依托旅游业进行发展,农业区种植以农产品为主。

第五节 美丽乡村居民点道路的规划

一、居民点道路分级及功能

乡镇居民点道路系统由小区级道路、划分住宅庭院的组群级道路、庭院内的宅前路及其他人行路三级构成。其功能如下。

(一)小区级道路

小区级道路是连接居民点主要出入口的道路,其人流和交通运输较为集中,是沟通整个小区性的主要道路。道路断面以一块板为宜,辟有人行道。在内外联系上要做到通而不畅,力戒外部车辆的穿行,但应保障对外联系安全便捷。

(二)组群级道路

组群级道路是小区各组群之间相互沟通的道路。重点考虑消防车、救护车、住户小汽车、搬家车以及行人的通行。道路断面一块板为宜,可不专设人行道。在道路对内联系上,要做到安全、快捷地将行人和车辆分散到组群内并能顺利地集中到干路上。

(三)宅前路

宅前路是进入住宅楼或独院式各住户的道路,以人行为主,还应考虑少量住户小汽车、摩托车的进入。在道路对内联系中要做到能简捷地将行人输送到支路上和住宅中。

二、居民点道路系统的基本形式

居民点道路系统的形式应根据地形、现状条件、周围交通情况等因素综合考虑,不要单纯追求形式与构图。居民点内部道路的布置形式有内环式、环通式、尽端式、半环式、混合式等,在地形起伏较大的地区,为使道路与地形紧密结合,还有树枝形、环形、蛇形等。

居民点内部道路的布置形式居民点道路系统的基本形式见表5 –2。

表5 –2　居民点道路系统的常见形式的特点

形式	特点
环通式	环通式的道路布局是目前普遍采用的一种形式,环通式道路系统的特点是,居民点内车行和人行通畅,住宅组群划分明确,便于设置畅通的工程管网,但如果布置不当,则会导致过境交通穿越小区,居民易受过境交通的干扰,不利于安静和安全
尽端式	尽端式道路系统的特点是,可减少汽车穿越干扰,宜将机动车辆交通集中在几条尽端式道路上,步行系统连续,人行、车行分开,小区内部居住环境最为安静、安全,同时可以节省道路面积,节约投资,但对自行车交通不够方便
混合式	混合式道路系统是以上两种形式的混合,发挥环通式的优点,以弥补自行车交通的不便,保持尽端式安静、安全的优点

三、居民点道路系统的布置方式

(一)车行道、人行道并行布置

(1)微高差布置。人行道与车行道的高差为30厘米以下。这种布置方式行人上下车较为方便,道路的纵坡比较平缓,但大雨时,地面迅速排除水有一定难度,这种方式主要适用于地势平坦的平原地区及水网地区。

(2)大高差布置。人行道与车行道的高差在30厘米以上,隔适当距离或在合适的部位应设梯步将高低两行道联系起来。这种布置方式能够充分利用自然地形,减少土石方量,节省建设费用,且有利于地面排水,但行人上下车不方便,道路曲度系数大,不易形成完整的居民点的道路网络,主要适用于山地、丘陵地的居民点。

（3）无专用人行道的人车混行路。这种布置方式已为各地居民点普遍使用，是一种常见的交通组织形式，比较简便、经济，但不利于管线的敷设和检修，车流、人流多时不太安全，主要适用于人口规模小的居民点的干路或人口规模较大的居民点支路。

（二）车行道、人行道独立布置

独立布置这种布置方式应尽量减少车行道和人行道的交叉，减少相互间的干扰，应以并行布置和步行系统为主来组织道路交通系统，但在车辆较多的居民点内，应按人车分流的原则进行布置。适合于人口规模比较大、经济状况较好的乡镇居民点。

（1）步行系统。由各住宅组群之间及其与公共建筑、公共绿地、活动场地之间的步行道构成，路线应简捷，无车辆行驶。步行系统较为安全随意，便于人们购物、交往、娱乐、休闲等活动。

（2）车行系统。道路断面无人行道，不允许行人进入，车行道是专为机动车和非机动车通行的，且自成独立的路网系统。当有步行道跨越时，应采用信号装置或其他管制手段，以确保行人安全。

第六节 美丽乡村与排水规划

一、资料收集与处理模式的选择

（一）资料收集

（1）规划村庄排水现状，包括污水组成与水质、污水量、室内污水设施情况、污水排放方式、排放水体、污水综合利用需求、污水处理设施及其运行管理、管网建设情况。

（2）规划村庄相关规划，包括总体规划、建设规划、专项规划等。

（3）规划村庄水体环境评价报告。

（二）排水范围界定

排水范围指村庄总体规划所包括的农村居民生活的聚居区域内的工程排水范围。

（三）排水量与规模预测

1. 规划排水量

规划排水量是指农户排放的可收集污水量，即通过污水系统可收集的污水量。

农村排水根据它的来源和性质，可分为3类，即生活污水、工业废水和降水。

（1）生活污水。生活污水是指居民日常生活活动中所产生的污水。其来源为住宅、工厂的生活污水和学校、商店等公共场所等排出的污水。

生活污水量一般可采取与农村生活用水量相同的定额，若室内卫生设施不完善，流入污水管网的生活污水远远少于用水量。污水量与用水量一样，是根据卫生设备情况而定。综合生活污水量宜根据其综合生活用水量乘以其排放系数 0.60 ~ 0.80 确定。生活污水量总变化系数，随污水平均日流量而不同，其数值为 1.2 ~ 2.3；污水流量越大，总变化系数越小。

（2）工业废水。工业废水包括生活污水和生产废水（指有轻度污染的废水或水温升高的冷却废水）两种。工业废水量根据乡镇企业的设备和生产工艺过程来决定，这要由工厂提供数据。

（3）降水。降水包括地面径流的雨水和冰雪融化水。降水量可根据降水强度、汇水面积、径流系数计算而得。

2. 污水排放量预测

污水排放量预测应依据规划水平年的人口、工业产值等社会经济指标,选择适当的模型与方法,如回归分析法、系统动力学法、arma 模型、灰色预测模型、BP 人工神经网络、指标分析法、排水量等,测算村庄生活污水排放量。

亦可根据污染物排放量与供水量之间的关系推求规划水平年的污水排放量,即由综合用水量(平均日)乘以污水排放系数再求和确定。通常排放系数为 0.6~0.8。

(四)污水排放量和水质特点分析

1. 污水排放量特点

污水排放量的大小与当地的经济条件、气候条件、生活习惯、卫生设备的采用密切相关。由于负担的排水面积小,总污水量较小,一天内的水量水质变化幅度较大,频率较高。污水排放特点与村庄居民用水集中时间有关,一天中的中午与下午六时左右为高峰,午夜为低谷。整体来说,村庄污水排放量小,排放呈间歇性,即污水流量变化系数大,一般达到 3~6。

2. 污染物成分分析

排放的污水包括厨房污水、洗盥污水、洗涤污水、粪便污水。其水质的特点为 SS 浓度和 COD 浓度大、氮磷浓度高、可生化性高、有机物易降解。

(五)处理模式的选择

结合村庄布局特点,主要采用五种形式,即联村合建、集中处理、分散处理、单户处理和接入城镇污水管网。

1. 联村合建

在村庄集聚程度较高、环境敏感地区、水环境容量有限区域及处于水源保护区内、水源匮乏考虑污水回用的地区,宜采用联村合建污水系统。

2. 集中处理

主要针对住户集中、经济富裕、地势平坦的村庄,修建污水管网将村庄污水统一收集,集中处理,达标后统一排放或综合利用。

3. 分散处理

根据当地地形,以河沟、坎丘、山冈等地物为界,自流就近收集,分散处理。尽量减少输送污水管渠的长度,节省管渠造价。因为在污水处理工程投资中,管道造价所占比例很大。

4. 单户处理

每家每户建造一个污水处理设施,家庭产生的粪便水与生活废水则通过污水处理设施进行处理。彻底避免了建造高耗资的下水道系统来对粪尿及生活废水进行远距离输送和集中处理,节省了成本。也可结合家庭沼气池合建,实现家庭沼气的综合利用。局限是人与污水、废水及湿地过于接近,人居环境会受到一定的影响,各家各户需要一定的维护、管理知识和技能。

5. 接入城镇污水管网

处于城镇边缘或城镇内部的村庄,污水可就近排入城镇污水管网,实行统一处理。

(六)排水体制规划

村庄排水体制的选择应结合当地经济发展条件、自然地理条件、居民生活习惯、原有排水设施以及污水处理和利用等因素综合考虑确定。新建村庄、经济条件较好的村庄,宜选择建设有污水排水系统的不完全分流制或有雨水、污水排水系统的完全分流制。经济条件一般且已经采用合流制的村庄,在建设污水处理设施前应将排水系统改造为截留式合流制或分流制,远期应改造为分流制。

1. 完全分流制

完全分流制具有污水和雨水两套排水系统,污水排至污水处理设施进行处理,雨水通过独立的排水管渠排入水体。

2. 不完全分流制

不完全分流制是只有污水系统而没有完全的雨水系统。污水通过污水管道进入污水处理设施进行处理;雨水自然排放。

3. 截留式合流制

截留式合流制是在污水进入处理设施前的主干管上设置截流井或其他截流措施。晴天和下雨初期的雨污混合水输送到污水处理设施,经处理后排入水体;随着雨量增加,混合污水量超过主干管的输水能力后,截流井截流部分雨污混合水直接排入水体。

二、污水处理厂厂址选择

(一)村庄污水受纳体的选择

村庄污水受纳体指接纳村庄雨水和达标排放污水的地域,包括受纳水体与受纳土地。受纳水体是天然江、河、湖、海和水库、运河等地表水体;受纳土地是荒废地、劣质地、山地、空闲池塘、低洼土地以及受纳农业灌溉用水的农田等受纳土地。

污水受纳水体应满足其水域的环境保护要求,有足够的环境容量,雨水受纳水体应有足够的排泄能力或容量;受纳土地应具有环境容量,符合环境保护和农业生产的要求。

(二)污水处理站的选择

排水工程中的污水处理站应结合村域范围,综合确定厂址位置。通常选择在村庄水体的下游,与居住小区或公共建筑物之间有一定的卫生防护地带,卫生防护地带一般采用 300 米,处理污水用于农田灌溉时宜采用 500 ~ 1 000 米;选在村庄夏季最小频率风向的上风侧;选在村庄地势低的地区,有适当的坡度,满足污水在处理流程上的自流要求;宜选在无滑坡、无塌方、地下水位低、土壤承载力较好(一般要求在 15 千克/平方厘米以上)地区;不宜设置在不良地质地段和洪水淹没、内涝低洼地区;尽量少占用或不占用农田。

三、建筑景观规划

建筑本身是一种文化的现象,也是文化的载体。乡村聚落建筑作为人居的物质实体,深受传统文化中"天人合一"美学思想影响,表现出自然适应性、社会适应性和人文适应性的美学特征。

建筑景观是乡村聚落景观中唯一的硬质实体景观,是组成乡村聚落的肌肉。建筑的不同组合方式形成了乡村不同的肌理建筑多姿的色彩,给乡村增加了更多的生命力和活力不同的建筑样式,是乡村历史文化的精神传承。

(一)布局规划

建筑的布局形式通常根据地形地势和交通来进行布置。建筑的主朝向为南北向,便于采光和通风。乡村住宅的布局形式主要有行列式、周边式、混合式3种,此外还有自由式等布局。

1. 行列式

行列式指住宅连排建造,按照一定的朝向和合理间距成排成行的布置。但是在建设过程中,要避免"兵营式"布局,可以通过建筑的不同组合来打破平直的线条,做出适当的变异。比如建筑朝向的角度,辅助建筑的介入等,都能够达到良好的形态环境和景观效果。这样布局的主要特点是日照和通风条件优越。在我国大部分地区,这种布置形式可以使每家住户都能获得良好的日照和通风条件,布置道路、各类管线比较容易,施工方便。

2. 周边式

建筑沿街道、场院或者池塘进行布置的形式。这种形式的内聚性比较强,有明确的内向空间,公共的院落内比较安静。公共院落可以组织成公共游憩的地方,有利于邻里交往。但是东西朝向的房间,光照不足,一般作为储藏或其他用处。这种布局的主要特点是院落较为明显,有明确的领域,冬季有很好的防风效果。

3. 混合式

混合式布局就是将行列式与周边式结合,不过通常会被理解为行列式的变形。这种布局较为灵活,兼有以上两种形式的优点,只是东西向的房间不是很好利用,所以一般将其用作公共设施。

还有散点的布局形式,形式灵活,但容积率低,比较适合丘陵地带的乡村。

乡村建筑布局规划,应该以 3 种基本布局形式为主,结合现有的乡村自然条件,提高居住的容积率,设置村庄的绿化和公共活动空间。规划中应该立足现状,以现存较好的建筑为规划基础,对其他建筑做出修整。

根据村庄自身的特色,将村庄内的住户可分为几个组团,通过不同的建筑布局形式进行组合,提高容积率,增加乡村中的绿化和公共活动空间。

(二) 色彩规划

在建筑艺术中,色彩是建筑物最重要的造型手段之一,色彩也是建筑造型中最易创造气氛和传达感情的要素。色彩试验证明,在人们观察物体时,首先引起视觉反应的就是色彩,当人最初观察物体时,视觉对色彩的注意力约占 80% ,而对形状的注意力占 20% 。由此可见,在建筑造型中,色彩与其他造型要素相比,具有独特的作用和效果。同样,色彩也是美化乡村的重要手段,是乡村景观的重要因素之一,反映了现代乡村的物质文明。色彩是表现乡村空间性格、环境气氛,创造良好景观效果的重要手段,适当的色彩处理可以为空间增加识别性,也可以使空间获得和谐、统一的效果。每个乡村在它发展前进过程中,因其社会和自然条件的原因,形成了独特的并为人们喜爱的色调。乡村建筑群体色彩构造了乡村的独特风貌。建筑的用色要考虑乡村所在地区的气候、民族习惯和周围的环境,要求统一性与变化性相结合。建筑物间的色调要和谐,给人以亲切、柔和、明快的感受。色相宜简不宜杂,明度易亮不宜暗,色彩宜浅不宜深。整个居住区既要有统一的色彩基调,同时又要五彩纷呈。在建筑主体色彩统一的基调上,对建筑细部如门窗、屋檐、阳台可选用多种色彩以丰富空间色彩。

乡村建筑和城市住宅建筑的用色相差不大,色相选择仍然以暖色调为主,明度搭配以中高调为主。由于乡村环境的影响,乡村建筑的颜色显得相对质朴,有的建筑色彩甚至有些单调。因为个人的喜好不同,乡村的建筑也是五彩纷呈。

过去绝大部分乡村由于财力、物力、人力的限制,没有过多的装饰,直接显现原有材料的色彩。现代社会经济的发展使得乡村的色彩变得逐渐丰富。因而在乡村色彩规划上需要强调的是注意乡村传统色彩的传承和色彩的协调问题。自然存在的颜色几乎都能和环境很好地协调起来。暖棕色有助于使木制建筑融合于乡村半林地或稻田景观环境。灰白色是另一种可以放心使用的颜色。在需要强调的一些建筑小构件上,可以少量的使用明亮的浅黄色、中国红或岩石的颜色。绿色差不多是所有颜色中最难以把握的,在一个特定的环境获得合适的绿色调十分困难,混合了其他不同颜色的树叶及其空隙和阴影加上屋顶的光学反射,使绿色的屋顶很难与周围环境协调。一般一个村庄中的用色都几近相似,以白色为主,而村庄中的建筑色彩的构成也以横向构图为主。

(三)装饰规划

自然条件的不同,驱使人们用自己的智慧来创造适宜的建筑形式,也就形成了建筑样式的多元化,如闽南的土楼、广西壮族自治区的麻栏、草原的蒙古包、西南的吊脚楼、傣家的竹楼、青海的庄巢、陕北的窑洞、高原的石碉房等。因为乡村的经济条件有限,乡村建筑材料多就地而取,而形式多应气候因素而变。北方因为天气寒冷,建筑墙体就较为厚重,南方则因为炎热的天气,建筑比较轻盈,而且建筑空间选择大进深,增加空气的流通性。

几千年的历史文明,使得中国传统建筑多姿多彩,但随着时代的进步,中国城市建筑在经历复古风与西化风的同时,乡村建筑也受到了一定影响。未曾走出国门的人们,对于欧式建筑多少会感到新鲜,于是在建筑中添加许多欧式建筑的元素,如柱廊、老虎窗等,但细细品味起来,在 21 世纪的今天,中国乡村出现的仿欧式建筑,既不是中国的又不是现代的,跟周边中式建筑并列,着实不算和谐。我们应该在建筑的发展中,探求一种完全属于中国乡村的建筑风格,既可以表现传统乡村文化又可以展现现代文明的影响,既保留乡土建筑的元素又体现现代建筑的特色。

乡村聚落建筑在择地选址中,往往遵循风水古训和特殊信仰,表现出环境优选取向。在建造材料选择上,房舍建筑大多是就地取材,因材制宜发挥各地域的材料优势,形成独特的景观特色,突出表现在对材料的质感、肌理和色彩的处理上,使技术、经济、艺术相结合。在房屋型式的选择上,乡村聚落建筑极富民族和地域特色,闽南的土楼、广西壮族自治区的麻栏、草原的蒙古包、西南的吊脚楼、傣家的竹楼、青海的庄巢、陕北的窑洞、高原的石碉房,从对自然的尊崇到对自然的适应,体现了劳动大众聚居最具有生态内涵的绿色建筑技术,也表明了乡村聚落建筑的美学与环境设计意识的内在联系,同时体现了中国传统建筑文化模式的形成、演化、扩散。在适应自然气候、调节室内环境方面,利用开敞的厅、堂、廊、院落、天井、风巷等建筑布局和构造措施,达到自然对流、通风、降温、采光、保暖等基本的生活功能要求,以绿色再生理念指导住居的组团布局与规模控制。因为人们的个人喜好不同,经济条件不同,而且没有基本的建筑形式标准,从而导致了建筑形式多元化,建筑景观参差不齐。现代乡村聚落建筑景观具有简洁、明快、干净、利落的特点,这是人类文明和社会进步的需要,是现代工业社会高速度、快节奏生活的体现。"现代化"虽然能满足人们不断提高的物质生活方面的要求,但"乡土味"则可激起人们对大自然、对熟悉的自然环境和传统文化的亲切感。"现代"了,却失去了地域特色,让建筑的外观显得浮躁和不安。在21世纪的今天,中国的建筑设计应该在经历了一段时间的彷徨之后,更关心设计的理念创新、技术创新和理论创新,在建筑的本质探索上有更新突破,形成自己的风格。

建筑的风格定位了乡村风貌的迥异,乡村离开了地域建筑艺术、建筑风格的引领,也就不容易表达地方特点。地域性才是建筑的基本前提和出发点,这就要求建筑设计要去挖掘和探讨建筑风格内在的涵义与精神实质,对地理环境及乡土建筑特征有正确的判断,运用现代建筑乡土化乡土建筑现代化这一设计构思,使其相辅相成。现代建筑乡土化,或说地域化,是指建筑利用现代的科学技术手段在传承地方文脉的基础上,创造有效多变的外在形象和有序空间,以形成建筑的独处性。乡土建筑现代化的灵活运用与上相同,它们是事物存在的统一体。对于乡土建筑的延续,要存其形、贵其神、得其益,形神兼备。建筑是以科学技术作为其物质存在的依据的,要充分利用现有的科学技术使节能化、智能化、生态化得以实现。湖北乡土建筑中的天斗、天井、亮瓦、封火山墙、灌斗墙等都是可以用来借鉴的,充分利用这些元素,形成一种特定地域建筑创作,使乡土建筑更具个性特色。

四、公共空间景观规划

(一)公共空间

公共活动空间可以结合村庄内部的晒场、打谷场进行设置,设计成运动场地、休闲场地等。在休闲场地和运动场地周围还可以结合乡村的公共绿地进行设计。例如,道路局部放大的开阔场地,在农忙时都可以作为打谷场、晒场。设置足够的农用生产空间,避免人们在乡村道路上晾晒粮食作物,造成交通隐患。另外,自家的庭院、屋顶都可以作为晒场。

同时晒场、打谷场所构成的大型开阔场地,是乡村主要的活动场所,承载了集体活动、文艺演出、剧场等娱乐功能。

(二)村口

乡村村口设计一般主要考虑自然现状、乡土建筑特色、地方材料、功能等 4 个方面的因素。

(1)中国乡村聚落大多受传统的"天人合一"的观念影响,多尊重自然,村口是乡村聚落中的一个组成部分,在其设计中也应该充分体现对于自然的考虑。

(2)传统村口一般会结合村门、亭、廊、桥梁等进行设计,作为乡村入口的标志。村口的设计风格要与整个村庄的乡土建筑风格保持一致。

(3)地方材料主要包括木材、瓦、石、草、竹等。以这些地方材料作为村口的设计元素,可让人们感受到朴素、淡雅、亲切的乡村风格和乡土气息。

(4)任何一种空间单元的存在都有其自身的理由和价值,也都有对应的功能属性。村口从本意来讲,具有空间与形式双重意义,包含各方面的使用功能,如人、物、车等穿行功能,内外空间分割、衔接等过渡功能,乡村人口标示、乡村宣传等标志功能。

村口设计的面积和尺度不宜过大,起到乡村标示性和乡村宣传的作用即可。在设计中,要注意视线的通透性,保证人们在村口可以看到村庄的一角。有些开展乡村旅游的村庄,村口会结合停车场、商店、售票厅等辅助空间进行设计,面积和尺度相对较大。

第六章　家庭农场经营管理

第一节　家庭农场经营的相关概念

一、家庭农场经营的概念

家庭农场，是指农户以家庭成员劳力为主，利用家庭自有生产工具、设备和资金，在占有宅基地、承包、租用或其他形式占有的土地上，按照社会市场的需求，独立自主地进行生产经营的组织单元。在市场经济条件下，家庭农场经营不再是过去的自给自足的小生产方式，而是逐步形成以家庭农场为主体，以社会化服务为条件的，进行社会化生产的开放式经营。

农户的家庭经营作为一种组织形式，具有血缘关系和伦理道德规范所维系的、超越市场化的工厂经营的激励监督机制，具有跨越时间和空间的活力以及超越生产力水平和经济发展水平阶段的限制，从而表现出无比的优越性，具有普适性。这一组织形式，最早产生于原始社会末期，历经各种社会形态，至今仍显现出其强大的生命力。发达国家在实现农业现代化建设的整个过程中，农业生产和组织方式都是以农民家庭经营组织为主体的。

二、我国的家庭农场经营经历了三个阶段

（一）个体农户时期的家庭经营

我国从春秋战国到 20 世纪 50 年代农业合作化前的几千年

间,是以土地私有制、家庭农场为生产单位的个体家庭农场经营阶段。

(二)集体经济时期的家庭农场经营

农业合作化以后,随着农业生产力的发展,特别是对农田水利等农业基础设施的需求增加和适度集中土地经营的要求,出现了农业互助合作组织,如以土地入股形式的合作社等经营形式。

(三)双层时期的家庭农场经营

党的十一届三中全会后,农村广泛地实行了村级"统一经营"和家庭农场"分散经营"相结合的双层经营体制。作为双层经营的一个层次,家庭农场,一方面对集体所有的土地,实行联产承包经营;另一方面还可以自主开发庭院空间和其他闲散荒地等资源,进行独立的家庭经营活动,形成一种兼业的或多业的家庭经营模式。村级"统一经营"层次,是为了克服家庭经营的局限性,充分发挥集体经济的优越性。

第二节　家庭农场的登记注册

目前,在全国约 87.7 万个家庭农场中,已被有关部门认定或注册的共有 3.32 万个,其中,农业部门认定 1.79 万个,工商部门注册 1.53 万个。实践中,有的家庭农场登记为个体工商户,有的登记为个人独资企业,有的登记为有限责任公司。为此,各地对于家庭农场是否需要工商注册看法不一,很多家庭农场主也比较迷茫。

明明是从事农业生产经营的"农商",为什么家庭农场要到工商部门注册呢? 这是因为,我国没有"农商"登记注册的法律制度,而只有在政府部门登记注册成为法人,才能取得税务发票并进行市场交易。农业部日前出台的意见明确提出,依照自愿原则,家庭农场可自主决定办理工商注册登记,以取得相应市场主体资格。农业部和国家工商管理总局对此做了专题调研,并达成了共识:家庭农场是一个自然而然发育的经济组织,现实中许多存在的较大规模的经营农户其实就是家庭农场,但不一定非要到工商部门注册;注册的形式可以多样化,由于家庭农场不是独立的法人组织类型,在实践中有的登记为个体工商户,有的登记为个人独资企业,还有的登记为有限责任公司。

从实践情况看,到工商部门登记的家庭农场在经济发达的地区比较多,这是因为他们从事农产品的附加值比较高,特别是发展外向型农业的家庭农场,出于经营方面的需要,可以提高公信力和竞争力,因而有动力去工商部门注册登记。农业部提出要建立家庭农场管理服务制度,县级农业部门要建立家庭农场档案,县以上农业部门可从当地实际出发,明确家庭农场认定标准,对经营者资格、管理水平等提出相应要求。

专家认为,把握家庭经营的规模,可以从 3 个方面衡量:一是与家庭成员的劳动生产能力和经营管理能力相适应;二是能实现较高的土地产出率、劳动生产率和资源利用率;三是能确保经营者获得与当地城镇居民相当的收入水平。具体来说可以从 5 个方面展开,即组织主体、组织方式、经营领域、经营规模和市场参与。

一、组织主体

家庭农场的组织主体是家庭。在农业生产决策单元中,农民家庭被认为是具有独立市场决策行为能力的最微观主体。但是,受农村劳动力流动的影响,家庭农业生产决策越来越复杂,非户主决策现象突出。因此,在家庭农场组织主体认定上,必须是以家庭户主为主、家庭主要成员参与的组织主体。

二、组织方式

家庭农场的组织方式非常重要,直接决定家庭农场能否做大做强,发展成为新型的、重要的农业经营主体。家庭农场组织方式应为企业化组织,其原因:一是家庭农场需要流转土地、市场融资,即参与市场资源配置,企业化组织更方便组织资源;二是从管理上,我国在对企业的市场经营管理上已经具有成熟的做法和经验,方便对家庭农场的市场行为进行规范化管理。

三、经营领域

家庭农场显然必须以农业为基本经营对象,但是,家庭农场有别于种养大户和小农户,其经营领域应充分体现农业的市场价值,需要通过盈利支撑农场的持续性发展。因此,家庭农场必须拓展农业除生产功能以外的其他功能,如服务功能、生态功能等,走以规模化农业生产为基础的综合化经营的新路子。这意味着家庭农场必须是具备"三生一服"(生产、生活、生态和服务)的综合经营功能。

四、经营规模

家庭农场经营规模指标建议为参考性指标,因为各地区的土地资源禀赋存在较大差异,如东北地区家庭拥有 50 亩土地是常态,而江浙地区家庭承包耕地面积往往只有几亩。因此,建议家庭农场经营规模应在当地人均耕地面积的 50 倍左右即可。

五、市场参与

家庭农场界定为企业化组织,意味着家庭农场的经营目的是追求利润最大化,追求市场利润最大化的基本要求是较高的市场参与度,因此,家庭农场的产品和服务的商品化率应达到 80% 以上。

总之,由于刚刚起步,家庭农场的培育发展还有一个循序渐进的过程。国家鼓励有条件的地方率先建立家庭农场注册登记制度,明确家庭农场认定标准、登记办法、制定专门的财政、税收、用地、金融、保险等扶持政策。因此,中国式家庭农场是一个动态的、地区的概念,其规模与分布因生产力差异也不尽相同,其规模特征很大程度上依靠专业化分工协作而形成的群体规模优势来实现,从耕种到收割、从物资采购到产品销售等主要环节由专门的服务组织来完成,而田间管理靠家庭成员,以扩大服务的规模来弥补土地规模经营的不足。虽然中国式家庭农场有微型、小型、中型、大型的家庭农场之分,但这是经营规模与家庭特点相匹配的结果。

第三节　家庭农场规划

规划是指进行比较全面的长远的发展计划,是对未来整体性、长期性、基本性问题的思考和设计未来整体行动方案。规划有其相应的原则要遵循,同时也要按一定的方法与步骤进行。不同规划对象与目的,应有不同的规划原则与方法。所以,家庭农场规划必须按照其特定的原则、方法与步骤来进行,以确保规划方案具有科学性、客观性与可行性,有利于农场的建设和可持续发展。

一、家庭农场规划遵循的基本原则

(一)提高农业效益原则

家庭农场是在加快城市化进程、转变社会经济发展思路、推动农业转型升级背景下的农业发展新模式,是实施土地由低效种植向高度集成和综合利用,以适应城市发展、市场需求、多元投资并追求效益最大化的有效途径。因此,规划布局应充分考虑家庭农场的经营效益,实现农场开发的产业化、生态化和高效化,达到显著提高农业生产效益、增加经营者收入的目的。

(二)充分利用现有资源原则

一是充分利用现有房屋、道路和水渠等基础设施。根据农场地形地貌和原有道路水系实际情况,本着因地制宜、节省投资的原则,以现有的场内道路、生产布局和水利设施为规划基础,根据家庭农场体系构架、现代农业生产经营的客观需求,科学规划农场路网、水利和绿化系统,并进行合理的项目与功能分区。各项目与功能分区之间既相对独立,又互有联系。农场一般可以划分为生产区、示范区、管理服务区、休闲配套区。二是充分利用现有的自然景观。尽量不破坏家庭农场域内及周围已有的自然园景,如农田、山丘、河流、湖泊、植被、林木等原有现状,谨慎地选择和设计,充分保留自然风景。

(三)优化资源配置原则

优化配置道路交通、水利设施、生产设施、环境绿化及建筑造型、服务设施等硬件;科学合理利用优良品种、高新技术,构建合理的时空利用模式,充分发挥农业生产潜力;合理布局与分区,便于机械化作业,并配备适当的农业机械设备与人员,充分发挥农机的功能与作业效率。此外,为方便建设,节省投资,建筑物和设施应尽量相对集中和靠近分布,以便在交通组织、水电配套和管线安排等方面统筹兼顾。

(四)充分挖掘优势资源原则

认真分析家庭农场的区位优势、交通优势、资源优势、特色产品优势,以及农场所在地光、温、水、土等方面的农业资源状况,并以此为基础,合理安排家庭农场的农作物种植、畜禽养殖的特色品种、规模以及种养搭配模式,以充分利用农业资源和挖掘优势资源;在景观规划上,充分利用无机的、有机的、文化的各种视觉事物,布局合理,分布适宜,均衡和谐,尤其在展示现代化设施农业景观方面以达到最佳效果,充分挖掘农场现有自然景观资源。

(五)因地制宜原则

尽可能地利用原有的农业资源及自然地形,有效地划分和组织全场的作业空间,确定农场的功能分区,特别是原有的基础设施,包括山塘、水库、沟渠等,尽可能保持、维护,以节省基础性投资;要尊重自然规律,坚持生态优先原则,保护农业生物多样性,减少对自然生态环境的干扰和破坏。同时,通过种植模式构建、作物时空搭配来充分展示农场自然景观特色。

(六)可持续性原则

以可持续发展理论为指导,通过协调的方式将对环境的影响减少到最小,本着尊重自然的科学态度,利用当地资源,采取多目标、多途径解决环境问题,最终目标是建立一个具有永续发展、良性循环、较高品质的农业环境。要实现这一规划目标,必须以可持续性原则为基础,适度、合理、科学地开发农业资源,合理地划分功能区,协调人与自然多方面的关系,保护区域的生命力和多样性,走可持续发展之路。

二、家庭农场规划方法

王树进针对农业园区的规划提出了"四因规划法"。家庭农场规划设计可以参照此方法进行。四因规划,即因地制宜、因势利导、因人成事、因难见巧。在此基础上,我们认为家庭农场可以采用5种方法进行规划。

(一)因地制宜

掌握农场规划地块本身及周边的地形地貌、乡土植被、土壤特性、气候资源、水源条件、排灌设施、耕作制度、交通条件等具体情况,以制定场区规划。因此,因地制宜规划法则,要求在规划工作前期,深入了解农场地块及周边的自然地理环境、农业现状和基础建设条件,获得重要的基础数据,以保证规划方案具有较强的操作性。

（二）因势利导

农场本身就是一个系统，根据系统工程原理，系统功能由其内在的结构来决定，而系统能否发展壮大，由其内在结构因素和外部因素共同决定。外部因素通常包括经济周期、科技发展趋势、政府宏观政策、行业发展状况等。因势利导法则要求在规划时，综合分析社会进步、经济发展、科技创新、市场变化的大趋势，国内外相关行业的总趋势，研究政府的意志和百姓的意愿，对农场进行战略设计和目标定位。在此基础上，对农场进行功能设计和项目规划，保证农场发展在一定时期内具有先进性和前瞻性。

（三）因人成事

农场主体属地化特征和区域优势对农产品影响较大，要求在组织管理体系和运营机制的设计中，要把科学管理的一般原理和地方行政、地方文化相结合。应用因人成事规划法则，要求在规划过程中要研究规划实施主体及其内外关系、相互关系，通过反复征求项目实施主体对规划方案的意见，甚至可以把规划实施的主要关系人纳入到规划团队中，使规划方案变成他们自己的决策选择。

（四）因难见巧

主要强调规划成果要解决项目的发展难题提出一个可行方案。要求农场规划者要有更高的视野来设计农场的目标和功能，在规划过程中自觉运用系统工程的思想和方法，积极思考，勇于创新，通过反复调查、研究、策划、征询、论证、提高，锤炼出既有前瞻性又有可操作性的农场建设和运营方案。

（五）因事制宜

主要针对农场定位、场内项目的规划、功能分区以及景观设计等而言。根据农场所在区域特征、资源优势以及业主的要求确定农场的主题。如果是休闲农场,也应有其鲜明的主题和特色;如果是单一种植农场、养殖农场,也应有其主要品种与规模;如果是综合性农场,是生产性的还是科技展示抑或多功能复合性的,必须考虑各个功能分区布局以及其适宜的组配模式。因此,在确定农场主题的前提下,应该根据场内实际条件,科学合理规划场内分区、功能项目、景观营造等,确保农场的规划符合业主要求,科学合理,同时操作性强。

三、家庭农场规划的基本步骤

进入农场规划的前提是农场投资者或经营者做好了相关准备工作,比如在农场选址、规模、发展定位、发展方向,以及初步投资意愿等方面作了较充分的考虑。在此基础上,选择规划单位进行规划设计。规划单位的选择应充分考虑单位水平、规划人员的文化背景和规划经验。在双方达成正式协议后,开始进入实质性规划阶段。

(一)调查研究阶段

1. 规划(设计)方在农场经营者或投资者邀请下进行考察

了解农场用地的自然环境状况、区位特点、特色资源、规划范围,收集与农场有关的自然、历史和农业背景资料,对整个农场内外部环境状况进行综合分析。

(1)基础条件。对家庭农场规划场地的作物种植状况、土地流转情况、区域界限、各类型土地面积、地形状况和场地所在地区的气候和土肥情况、水资源的分布与储量状况进行调查,确定该地区所适合种植的农业作物的种类,并根据场地地形地势的差异合理布置作物的种植区域。了解地区的基础设施状况,包括农场所在地交通状况、水利设施、水电气情况等方面。同时,还可以了解地区的环境质量状况,水体、土地的污染程度等,为今后的改善和治理工作打下基础。

（2）社会经济发展状况。家庭农场的发展是以地区的经济水平为基础的,一方面家庭农场的开发需要地方经济的支持,另一方面当地经济的发展能带动家庭农场各产业的发展。因此,在规划初期一定要结合地区的经济发展状况确定家庭农场的类型和规模,这样不仅能节约投资,还能避免造成资源的浪费和对环境的破坏。

2. 市场调研

明确市场供求现状和发展前景,是选择项目方向的重要前提。首先要明确调研目标,制定调研方案,然后组织调查,收集基础资料,通过实地调查和分析研究,提出调研报告。

（1）市场供求状况。农产品规模化生产后,还应投入到市场中,确定农产品的市场经济价值,只有生产具有市场经济价值的农产品,才能产生更好的经济效益。因此在规划前期应对当前农产品市场的发展趋势进行预测,确定具有投资潜力的农产品种类,这将有助于家庭农场生产规划的顺利进行。市场的选择大多是对应本地区或是本地区周边省市,但对于本身基础较好、经济实力较雄厚的家庭农场也可以面向全国甚至国外市场。

（2）投资经济效益分析。根据市场调查数据的统计分析,结合农场的建设背景和市场容量,确定家庭农场的开发规模和建设项目,从而预测出家庭农场建设的投资成本和收益利润,为农场的顺利建设提供保障。

3. 提出规划纲要

特别是主题定位、区位分析、功能表达、项目类型、时间期限、建设阶段、资金预算及投入产出期望等。

（二）资料分析研究阶段

（1）分析讨论后定下规划的框架并撰写可行性论证报告,即纲要完善阶段。一般包括农场名称、规划地域范围、规划背景、场内布局与功能分区、时间期限、建设阶段、投资估算与效益分析等内容。

(2)农场经营者和规划(设计)方签订正式合同或协议,明确规划内容、工作程序、完成时间、成果等事宜。

(3)规划(设计)方再次考察所要规划的项目区,并初步勾画出整个农场的用地规划布置,保证功能合理。

(三)方案编制阶段

1. 初步方案

规划(设计)方完成方案图件初稿和方案文字稿,形成初步方案。图件包括规划设计说明书、平面规划图及各功能区规划图等。

2. 论证

农场经营者和规划(设计)方双方及受邀的其他专家进行讨论、论证。

3. 修订

规划(设计)方根据论证意见修改完善初稿后形成正稿。

4. 再论证

主要以农场经营者和规划(设计)方两方为主,并邀请行政主管部门或专家参加。

5. 方案审批

上级主管及相应管理部门审查后提出审批意见。

(四)形成规划文本阶段

包括规划框架、规划风格、分区布局、道路规划、水利规划、绿化规划、水电规划、通信规划和技术经济指标等文本内容和绘制相应的图纸。文本力求语言精练、表述准确、言简意赅。

(五)施工图件阶段

施工图纸包括图纸目录、设计说明书、图纸、工程预算书等。

图纸有场区总平面图,建筑单位的平、立、剖面图,结构、设备施工图等。这是设计的最后阶段,主要任务是满足施工要求,同时做到图纸齐全、明确无误。

第四节 发展家庭农场的价值

家庭农场从制度属性上较接近于农业企业。因为相对于普通农户,家庭农场更加注重农业标准化生产、经营和管理,重视农产品认证和品牌营销理念。在市场化条件下,为了降低风险和提高农产品的市场竞争力,家庭农场更注重搜集市场供求信息,采用新技术和新设备,提升生产高附加值农产品。

一、家庭农场的核心价值

这里所说的"核心价值",主要指家庭农场在市场上的价值以及农业发展中的特殊地位。家庭农场的主要意义在于进行农业生产的主体大多是农民(或其他长期从事农业生产的人),因此,家庭农场承载着农业现代化进程的重任,并在其中扮演重要角色,同时也要保证在家庭农场中从事生产劳动的农民致富。

分散的小规模农户,在市场中因其常常没有长期经营的品牌和资产,更容易出现"机会主义"。比如,他们为了节约生产成本,增加农产品的产量,在生产过程中有可能使用一些剧毒高残留的农药和化肥,而导致食品安全问题;在农产品进行售卖的过程中,可能出现以次充好,包装上缺斤短两等诸如此类的道德风险,而且在与一些农业销售公司或者龙头企业签订合同时,有可能出现做出承诺,实际上却不好好履行合同;享受了合同公司的种子、化肥、农药供应等优惠措施以后,在签订协议后却并不尽心尽力地搞好栽培技术和田间管理。

二、建立农场核心价值的方式

(一) 商品化、标准化生产

小规模农户的生产及经营规模小,专业化、商品化、标准化水平低,是典型的自给自足的生产经营组织,充其量也只是小商品生产者。其生产经营的目的主要是为了自给自足,而不是为了商品交换。可以说是适应于自然经济要求的个体生产者,很难适应现代市场经济的要求,更谈不上在市场经济条件下拥有市场竞争力。

家庭农场随着市场经济的发展而发展,因而是市场经济发展的产物并以市场经济体制为环境条件,以追求利润最大化为目标,同小规模农户生产经营的目的恰好相反,不是为了自给自足,而是为了商品出售。它不仅是名副其实的农产品生产者,更是名副其实的农产品经营者,属于适应于市场经济要求的现代企业组织范畴,尤其是大规模家庭农场,其现代企业特性更加明显。因此,家庭农场不但要扩大生产经营规模,而且要按照较高的专业化、规模化、标准化水平生产。

同时,在商品化生产的基础上,家庭农场要追求现代生产要素融入农场的经营。小规模农户基本上以家庭成员为劳动者,只使用短期的、少量的、偶尔的雇工,且大都没有诸如合同等的契约关系。其生产经营规模一般较小,对传统生产要素如劳动力、资金、土地使用上趋于凝固化。家庭农场在利润最大化的驱动下,对于新技术、新产品、新管理等外界信息反应比较敏感,会不断追求生产要素的优化配置和更新,并以现代机械设备、先进技术、现代经营管理方式等具有规模特性的现代生产要素引入为手段来不断扩大生产经营规模,提高市场竞争力。

(二) 找到各自农场的市场定位

每一家家庭农场都有自己的特色,但并非所有的特色都可以成为农场的定位,进而成为利润的来源。

作为家庭农场主,必须决定在什么地方能够创造出差异点,并且这种差异点可以被消费者认识到并且愿意购买它。有的农场采取了传统的生产方式让城里人感觉"返璞归真",回归真正的田园生活;有的农场采取了现代化的生产设施而让消费者感受到安全、标准化的"现代农业";也有的农场定位在专一而大规模的农作物生产,用价格和质量征服市场;有的农场采取了多元生产结构用来"东方不亮西方亮",规避农业风险。只要定位准确,并且有足量的消费者为其买单,这样的定位就是好的。也可以说,家庭农场主找到了农场真正的市场价值。

找到市场定位后,就要设计出一系列的措施,包括我们在第三篇经营篇中提到的产品策略、价格策略、渠道策略和促销策略去实现其定位。实施这些策略时,要注意尽力去迎合目标消费者的心理认知。消费者的心理活动是复杂而多变的,所以要仔细揣摩消费者的购买和使用心理,品牌管理,在某种程度上就是管理消费者的心理感受。比如,一家割草机公司声称,其产品"动力很大",故意采取了一款噪声很大的发动机,原因是消费者总以为声音大的割草机动力强劲;一家拖拉机制造商给自己生产的拖拉机的底盘也涂上油漆,这并非必要,原因是消费者会认为这样说明厂商对质量要求精益求精;有的农场生产绿色产品,就采取了环保并可回收利用的包装材料,让消费者感受到农场所呈现出的环保理念是全方位的。

(三)家庭农场要进行品牌化经营

长期以来,我国农民普遍存在"重种植,轻市场"的思想,品牌意识不强。虽然有质量好、品种优的农副产品,但由于市场知名度和竞争力低,或是"养在深闺无人识",或卖不出好价,或是"增产不增收",导致经济效益不佳,也挫伤了农民的积极性。如今,随着家庭农场的建立,农场主们无疑要取得市场的认可,农产品市场的出路到底在哪里?质量当然是第一,但是在同等质量的基础上,建立市场品牌是非常必要的。

俗话说:"好酒也要勤吆喝"。只有建立了品牌,有了名称和标识,才能让消费者在万千产品中识别出来,从而制造精品农产品,增加农产品的附加价值及农民的收入。著名品牌策略大师艾·里斯说:"实际上被灌输到顾客心目中的根本不是产品,而只是产品名称,它成了潜在顾客亲近产品的挂钩"。

在激烈的市场竞争中,任何产品都需要注重品牌效应,农副产品也不例外。农场注册了商标,并非意味着开始了品牌化经营。未来的营销是品牌的战争——品牌互争长短的竞争。拥有市场将会比拥有工厂更重要,拥有市场的唯一办法是占市场主导地位的品牌。但是,现在好多农产品的问题在于,农产品生产主要根本没有什么质量和技术要求,只注意蔬菜、水果等产品的新鲜度,很少去对品牌有特殊的注意。不少人认为,只有进入工厂经过生产工艺加工后的产品才是真正的"商品",而在田间地头的产品就没有那么多的要求,如果谁买个豆角还要看品牌就会成为人们嘲笑或议论的话题。还有很多生产者对于如何提高产品品质根本无严格意义上的实质性举措。生产方式仍然沿袭以往的散户经营,化肥、农药的使用仍无标准可言,产品上市也没有什么包装。这类品牌且不说是否符合健康环保标准,单从外表就让人无法识别,只能凭商贩口里的大声吆喝,不要说走出国门赚取外汇,就是在国内,这类产品的市场前景也让人担忧。

第五节　家庭农场的农业文化

农业文化是在农业生产实践活动中所创造出来的、与农业有关的物质文化和精神文化的总和。中国几千年的农业文明,以及在此基础上形成的一整套农业文化体系,是中华文明史的重要组成部分。

一、农业文化的内涵

(一)农业习俗的存续

春种、夏锄、秋收、冬藏以及二十四节气不仅是岁月交替农业生产的节奏，而且是农耕文化的周期。在传统农业社会，乡村的土地制度、水利制度、集镇制度、祭祀制度，都是依据这一周期创立、并为民众自觉遵循的生活模式。民间素有"不懂二十四节气，白把种子种下地"的说法。北方农村的"打春阳气转，雨水沿河边""清明忙种麦，谷雨种大田""清明麻，谷雨花，立夏点豆种芝麻"等，就是"顺应天地"的形象表达。这些至今仍广为流传的农谚俗语，具有鲜明的地域特点和乡土本色的农业信仰和仪式，大家所熟知的春节、中秋节、端午节等民俗饮食也是农业民俗文化的重要内容。

(二)农业文化的实体呈现

我国的农业文化的实体内容十分丰富，既包括农作物品种、农业生产工具，也包括农业文学艺术作品、农业自然生态景观等一切与农业生产相关的物质实体文化。不少历史学家发现农具的改进是社会进步和生产力水平提高的标志。但是随着机械化、工业化和现代化进程，那些代表一个时代、一个地域农业发展最高水平的传统农具，正在被抽水机、除草剂、收割机、打谷机、挤奶机等取代。作为传统农耕生活方式的历史记录，水车、风车、舂臼、桔槔、石磨等工具几近"绝种"。

(三)农业哲学理念、价值体系、道德观念

传统中国是一个以农业生产为经济基础的乡土社会，也是熟人社会，人们聚族而居，生于斯、死于斯，彼此之间都很熟悉。从熟人社会中孕育出来的无讼、无为政治、长老统治、生育制度、亲属制度等思想，都体现了农业文化环境下人与人之间遵循的互动规则以及人与人之间和谐相处的风范。在这样的环境下孕

育出诚实守信、尊老爱幼、长幼有序、守望相助、互帮互助和热爱家乡等优良传统。这些优秀的传统美德不仅对农民的生活和发展而言是重要的,而且也是全体社会成员幸福的必要条件;这些优秀的传统美德不仅在传统农业社会是必需的,在现代和谐社会的构建中也是不可缺少的;这些优秀的传统美德不仅是社会秩序稳定的基础,也是中华民族进步不竭的精神动力和源泉①。

二、建立农业文化的途径

(一)发展参与式农业

家庭农场可以把农业文化的保护传承与增加收入和改善生活联系在一起。家庭农场首先引导向农业的深度发展,这其中包括了提高产品质量,如发展有机农业,农产品的深加工,改变销售方式,形成特色品牌等;家庭农场可以向农业的广度发展,这个广度是充分利用社区的自然资源、农业资源、文化资源、扩展农业的服务领域,其中,典型的发展途径就是利用地理、生物和文化的多样性来发展乡村旅游。

(二)发展社区农业

社区农业是近些年农业社会学者提出的一个农业发展和农业保护的新概念。社区农业是指依据农业与农村的多功能原理,充分利用社区资源形成的综合性农业。

家庭农场因为拥有当地农业资源,如果能够挖掘传统农业资源,如种质资源、传统农具、传统技术、乡土知识、生活场景等,通过对农业的生物多样性和文化多样性的挖掘,比如,在家庭农场种植和收获中,民俗、节日庆典等文化形式上体现乡土文化,就可以吸引周围社区消费者参与其中。农场还利用独特的资

---

① 孙白露,朱启臻.农业文化的价值及继承和保护探讨.农业现代化,2011 (1):54 - 58.

源、文化传统,发掘社区资源的价值,重新整合利用田园景观、农村风貌、自然生态环境;农业生产工具、农业劳动方式、农业技术、循环利用、乡土知识、农家生活、风俗习惯、民间信仰资源,如沿海地区的"渔村"、东北地区的"猎民村"、城市郊区的"豆腐村",可以把向自然攫取食材、饮食与饮食文化、传统食品加工制作工艺、食品加工工具、当地民俗与生活方式等有机融合在一起。发挥农业文化的价值,并使其得到有效利用,使农业文化得以保护传承。

第六节　家庭农场的经营模式

新型农业经营主体是我国构建集约化、专业化、组织化、社会化相结合的新型农业经营体系的核心载体。现阶段,我国新型经营主体主要包括专业大户、家庭农场、农民专业合作社、农业企业等。在我国新型农业经营体系中,各类经营主体具有怎样的地位,扮演什么角色,发挥什么功能等相关研究尚不深入。如何协调各主体之间的关系,也就成为一个挑战。

我们认为,家庭农场作为专业大户的"升级版",主要面临着与农民专业合作社和农业企业的关系处理问题。

一、家庭农场＋农业企业

农业龙头企业在家庭农场发展过程中可能发挥的作用是,作为公司可以应对高昂的信息成本、技术风险,降低专用性资产投资不足,提高合作剩余。龙头企业可以和家庭农场或者合作社来进行合作经营,或者是"企业＋订单农业"方式,成为农业经营方式上的创新。事实上,由于家庭农场的规模性以及对产品质量和品牌的关系,龙头企业都希望与家庭农场进行合作。

在中国乳制品行业中,随着规模化进程的加快,家庭农场养殖(以家庭农场为单位,进行分户、分散养殖的方式)逐渐退出。

伊利集团、蒙牛集团为了提高原奶质量纷纷在基地内建设规模化的牧场。2007—2012 年间,伊利集团先后投入近 90 亿元用于奶源升级和牧场建设,在全国自建、合建牧场 1 415 个。伊利奶源供应中来自集中化、规模化养殖奶牛的比例达到 90% 以上。而蒙牛集团一直通过投资建设现代化牧场及设备、参股大型牧场提升奶源整体水平及质量控制。截至目前,蒙牛的规模化、集约化奶源约为 93% ,2015 年之前将实现 100% 奶源规模化、集约化。在规模化的进程中,主要采取"企业 + 家庭牧场"与从事专业原奶生产的家庭牧场进行对接。对接的家庭牧场主要有两种来源:其一,农牧民通过自身发展升级成家庭牧场,部分牧民凭借着辛勤劳动和奉献精神,将土地的自然条件与市场机制很好地结合起来,通过亲缘、乡缘、血缘等联系,专注于奶业的生产经营,成为家庭牧场。像内蒙古和林格尔古力半忽洞村的常彦凤牧场;还有农业专业大户转化成家庭牧场,像内蒙古调研的土左旗察素齐镇的雪原牧场等。其二,农民专业合作组织成员分化出的家庭农场,合作组织中的部分成员,包括"大农"和具有一定规模的"小农"分化成独立家庭农场。

广东温氏食品集团有限公司也采取了"公司 + 农户"模式,以外部组织的规模收益相对有效地克服了小农经营规模不经济的弊端。并开始采取"公司 + 家庭农场"生产经营模式化解了"公司 + 农户"下的利益分配难题,实现了龙头企业与农户间更紧密的联结机制,创新了现代农业经营方式。

二、家庭农场 + 合作社

目前,农民组织化程度低的重要原因在于分散的小农户缺乏组织起来的驱动力,培育家庭农场为农民的组织化提供了基础。家庭农场具有较大规模,刺激农户合作的需求。合作社是实现农民利益的有效组织形式,2007 年我国颁布了《农民专业合作社法》,但是并没有显著激发农民的合作行为,其中,小规模的生产方式是限制农民合作需求的主要原因之一,因为小规模的农户经营加入合作社与否,并不能带来明显的利益。家庭农场则不同,加入合作社与否对其利益的获得具有显著影响,合作的需求就会被激发出来。

家庭农场与小农户生产的区别不仅表现在经营规模上,而且表现在现代化的合作经营方式上。家庭农场是农民合作的基础和条件。家庭农场为集约化经营创造了条件,家庭农场的专业化经营通过合作社的经营得以实现。就从农产品的市场营销而言,一个家庭农场打一个品牌是很困难的,这就需要农场之间的联合,需要形成具有组织化特征的新型农产品经营主体,需要合作社去把家庭串起来。组织化和合作社主要解决小生产和大市场的矛盾,当然也解决标准化生产、食品安全和适度规模化的问题,各类家庭农场在合理分工的前提下,相互之间配合,获得各自领域的效益,这样它就可以和市场对接,形成一种气候和特色。

为促进家庭农场的可持续发展,家庭农场主之间存在合作与联合的动力,家庭农场也可以不断和其他生产经营主体融合。比如,形成"家庭农场 + 合作社"、"家庭农场 + 家庭农场协会"和"家庭农场 + 家庭农场主联社"的形式,以推进农资联购、专用农业机械的调剂、农产品培育、销售及融资等服务的开展。

比如,山东省就出台了"家庭农场办理工商登记后,可以成为农民专业合作社的单位成员或公司的股东",以及"农村家庭成员超过 5 人,可以以自然人身份登记为家庭农场专业合作社"等相关规定。

三、家庭农场 + 合作社 + 龙头企业模式

"家庭农场 + 合作社 + 龙头企业"模式也是适宜家庭农场发展的一种较好的模式选择,它能够把龙头企业的市场优势及专业合作社的组织优势有效结合起来,可以兼顾农户及龙头企

业双方的利益,同时借助专业合作社的组织优势,提升家庭农场在市场中的地位。目前,这种模式普遍存在,在专业合作社较弱、缺乏加工能力的条件下,可以选用这样模式,将家庭农场有效组织起来,构建产加销一体化的产业组织体系,实现多赢的效果。

四川新希望集团就在进行类似的组织创新,他们扩展"公司+合作组织+农场主+农户"模式,变成了"农业服务员",一是为农业组织服务,帮助家庭农场发展,并组建更多的农业合作社;二是努力成为提供技术、金融、加工生产和市场等各种农业服务的综合服务商。

第七节 农产品市场的相关概念

一、农产品市场概述

(一)市场的含义

市场的定义有狭义和广义之分。狭义的市场指商品交换的场所;广义的市场,是指各种交换关系的总和。

(二)市场营销的含义

美国著名营销学家菲利普·科特勒(1997)认为:市场营销是个人和群体通过创造并同他人交换产品和价值,以满足需求和欲望的一种社会过程和管理过程。

(三)农产品市场的含义

农产品市场可以从广义和狭义两个角度进行定义。狭义的农产品市场是指进行农产品所有权交换的具体场所;广义的农产品市场是指农产品流通领域交换关系的总和。

(四)农产品营销的含义

关于农产品营销,可以这样定义,"农产品营销是指将农产品销售给第一个经营者的营销过程"，"第一个经营者到最终消费者的运销经营过程"。

（五）农产品的特征

家庭农场营销管理的特征取决于农产品的特征。

1. 商品特性

农产品的商品特征主要体现在易腐性、易变性。农产品很容易腐烂变质，不易储存，大大缩短了农产品的货架期。

2. 供给特征

农产品供给具有较大的波动性，其原因是：

（1）农产品生产受自然条件影响大，生产的季节性、年度差异性和地区性十分明显。丰年农产品增产，供给量增加会导致市场价格下降；反之，歉收年会出现供给量不足，引起市场价格上升。

（2）农产品生产周期较长，不能随时根据需求的变化来调整供给量，事后调整又容易导致激烈的价格波动。

3. 消费特性

农产品大多数直接满足人类的基本生活需要，其消费需求具有普遍性、大量性和连续性等特点，需求弹性一般较小。

（六）农产品营销的特征

1. 营销产品的生物性、自然性

农产品的含水量高，保鲜期短，易腐败变质。农产品一旦失去鲜活性，价值就会大打折扣。

2. 农产品供给季节性强

绝大多数农产品的供给带有明显的季节性，但需求却往往是常年性的，因此，农产品市场供求的季节性矛盾比较突出，收获季节往往滥市，非收获季节却十分畅销。因此，要求企业做好生产技术和贮藏技术的创新，调节季节供求矛盾。

3. 消费者数量众多、市场需求比较稳定、连续购买

第一,每个人都必须消费农产品,特别是像我们这样的人口大国,每天消费的农产品数量是相当惊人的。因此,从总体上讲,农产品具有非常广阔的市场。第二,相当一部分农产品是满足人们的基本生活需要的,因此,这部分市场需求是比较稳定的,经营这类农产品市场风险相对较少,收益也相对稳定。第三,农产品大多属于非耐用商品,贮存比较困难,消费者对农产品的新鲜度要求较高,因而农产品的购买频率比较高。

4. 政府宏观政策调控的特殊性

农业是国民经济的基础,农产品关系到人民生存、社会稳定和国家安全。农产品生产具有分散性,竞争力比较弱,政府需要采取特殊政策来扶持农产品的生产和经营。

二、家庭农场市场竞争特点

随着社会经济的发展,家庭农场逐渐向适度规模经营转变,出现了众多的农业龙头企业,消费者对农产品的需求也在不断地变化,农产品市场出现了不完全竞争的结构特征。

（一）家庭农场适度规模经营逐渐开展

由于现代科学技术的广泛应用,家庭农场需要投入的资金、技术、管理等要素在数量和质量上都比以往有了更高的要求,生产规模较小、无规模效益的企业因实力不足很难满足这些要求,农产品生产逐渐向农业龙头企业集中。

（二）农产品的差异性越来越明显

随着人们生活水平的提高,消费者对农产品的需求呈现出多样化、个性化的特征,同质的农产品已经不能有效地满足消费者的不同需求,这使得家庭农场必须采用新技术、开发新产品以及利用各种营销策略来形成产品差异,从而提高产品的市场占有率。

（三）市场进入门槛逐渐提高

农业生产技术的提高和生产规模的扩大使得新进入者需要投入更多资金、技术以及其他资源，增加了进入的难度。

（四）农产品市场信息不完全

家庭农场对农产品市场信息的了解存在一定的局限性，影响了生产经营决策的科学性和准确性。

第八节　家庭农场的财务管理

一、财务管理的含义

资金是家庭农场进行生产经营的基本要素，对家庭农场的生存和发展具有举足轻重的作用。家庭农场在生产经营的过程中，不断地发生资金的流入和流出，与有关各方发生资金的往来和借贷关系。围绕现金的收入和支出形成了家庭农场的财务活动和各种财务关系，财务管理就是组织家庭农场财务活动，处理家庭农场财务关系，为家庭农场的生存和发展提供资金支持的一种综合性的管理活动。具体说，家庭农场财务活动包括家庭农场筹资引起的财务活动、家庭农场投资引起的财务活动、家庭农场经营引起的财务活动和家庭农场分配引起的财务活动；家庭农场的财务关系包括家庭农场同其所有者之间的财务关系、家庭农场同其债权人之间的财务关系、家庭农场同其被投资单位之间的财务关系、家庭农场同其债务人之间的财务关系、家庭农场与职工的财务关系、家庭农场内部各单位的财务关系等。

二、财务管理的目标

明确财务管理的目标，是做好财务工作的前提。财务管理是家庭农场生产经营过程中的一个重要方面，财务管理的目标应该服从和服务于家庭农场的总体目标。家庭农场财务管理的目标可分为整体目标、分部目标和具体目标。整体目标是指整个家庭农场财务管理所要达到的目标,整体目标决定着分部目标和具体目标,决定着整个财务管理过程的发展方向。家庭农场财务管理的整体目标在不同的经济模式和组织制度条件下有着不同的表现形式,主要有 4 种模式。

(一)以总产值最大化为目标

产值最大化,是符合计划经济体制的一种财务管理目标。家庭农场财务活动的目标是保证总产值最大化对资金的需要。追求总产值最大化,往往会导致只讲产值、不讲效益,只讲数量、不讲质量,只抓生产、不抓销售等严重后果,这种目标已经不符合市场经济的要求。

(二)以利润最大化为目标

利润代表了家庭农场新创造的财富,利润越多,家庭农场财富增长越快。在市场经济条件下,家庭农场往往把追求利润最大化作为目标,因此,利润最大化自然也就成为家庭农场财务管理要实现的目标。以利润最大化为目标,可以直接反映家庭农场所创造的剩余产品多少,可以帮助家庭农场加强经济核算、努力增收节支,以提高家庭农场的经济效益,可以体现家庭农场补充资本、扩大经营规模的能力。但是,利润最大化目标没有考虑利润实现的时间以及伴随高报酬的高风险,没有考虑所获利润与投入资本额之间的关系,可能导致家庭农场财务决策带有短期行为倾向。因此,利润最大化也不是家庭农场财务管理的最优目标。

(三)以股东财富最大化为目标

在股份制经济条件下,股东创办家庭农场的目的是增长财富。股东是家庭农场的所有者,是家庭农场资本的提供者,其投资的价值在于家庭农场能给他们带来未来报酬。股东财富最大化是指通过财务上的合理经营,为股东带来更多的财富。股东财富由其所拥有的股票数量和股票市场价格两方面来决定,在股票数量一定的前提下,当股票价格达到最高时,则股东财富也达到最大。

股东财富最大化的目标概念比较清晰,因为股东财富最大化可以用股票市价来计量;考虑了资金的时间价值;科学地考虑了风险因素,因为风险的高低会对股票价格产生重要影响;股东财富最大化一定程度上能够克服家庭农场在追求利润上的短期行为,因为不仅目前的利润会影响股票价格,预期未来的利润对家庭农场股票价格也会产生重要影响;股东财富最大化目标比较容易量化,便于考核和奖惩。追求股东财富最大化也存在一些缺点:它只适用于上市公司,对非上市公司很难适用。股东财富最大化要求金融市场是有效的;股票价格并不能准确反映家庭农场的经营业绩。

(四)以家庭农场价值最大化为目标

家庭农场的存在和发展,除了股东投入的资源外,和家庭农场的债权人、职工,甚至社会公众等都有着密切的关系,因此,单纯强调家庭农场所有者的利益而忽视利益相关的其他集团的利益是不合适的。家庭农场价值最大化是指通过家庭农场财务上的合理经营,采用最优的财务政策,充分考虑资金的时间价值和风险报酬的关系,在保证家庭农场长期稳定发展的基础上使家庭农场总价值达到最大。

家庭农场财务管理的分部目标可以概括为家庭农场筹资管理的目标、家庭农场投资管理的目标、家庭农场营运资金管理的目标、家庭农场利润管理的目标。

三、财务管理的内容

家庭农场财务管理就是管理家庭农场的财务活动和财务关系。财务活动是指资本的筹资、投资、资本营运活动和资本分配等一系列行为。具体包括筹资活动、投资活动、资本营运和分配活动。

(一)筹资活动

筹资活动,又称融资活动,是指家庭农场为了满足投资和资本营运的需要,筹措和集中所需资本的行为。筹资活动是家庭农场资本运动的起点,也是投资活动的前提。家庭农场筹资可采用两种形式:一是权益融资,包括吸收直接投资、发行股票、内部留存收益等。二是负债融资,包括向银行借款、发行债券、应付款项等。

家庭农场筹资时,应合理确定资本需要量,控制资本的投放时间;正确选择筹资渠道和筹资方式,努力降低资本成本;分析筹资对家庭农场控制权的影响,保持家庭农场生产经营的独立性;合理安排资本结构,适度运用负债经营。

(二)投资活动

投资活动是指家庭农场预先投入一定数额的资本,以获得预期经济收益的行为。家庭农场筹集到资本后,为了谋取最大的赢利,必须将资本有目的地进行投资。投资按照投资对象可分为项目投资和金融投资。项目投资是家庭农场通过购置固定资产、无形资产和递延资产等,直接投资于家庭农场本身生产经营活动的一种投资行为。项目投资可以改善现有的生产经营条件,扩大生产能力,获得更多的经营利润。进行项目投资决策时,要在投资项目技术性论证的基础上,建立科学化的投资决策程序,运用各种投资分析评价方法,测算投资项目的财务效益,进行投资项目的财务可行性分析,为投资决策提供科学依据。金融投资是家庭农场通过购买股票、基金、债券等金融资产,间接投资于其他家庭农场的一种投资行为。金融投资通过持有权益性或者债权性证券来控制其他家庭农场的生产经营活动,或者获得长期的高额收益。金融投资决策的关键是在金融资产的流动性、收益性和风险性之间找到一个合理的均衡点。

家庭农场投资时,应研究投资环境,讲求投资的综合效益。一是预测家庭农场的投资规模,使之符合家庭农场需求和偿债能力;二是确定合理的投资结构,分散资本投向,提高资产流动性;三是分析家庭农场的投资环境,正确选择投资机会和投资对象;四是研究家庭农场的投资风险,将风险控制在一定限度内;五是评价投资方案的收益和风险,进行不同的投资组合等。

(三)资本营运活动

家庭农场在日常生产经营过程中,从事采购、生产和销售等经营活动,就要支付货款、工资及其他营业费用;产品或商品售出后,可取得收入,收回资本;若现有资本不能满足家庭农场经营的需要,还要采取短期借款方式来筹集所需资本。家庭农场这些因生产经营而引起的财务活动就构成了家庭农场的资本营运活动。营运资本管理是家庭农场财务管理中最经常的内容。

营运资本管理的核心,一是合理安排流动资产和流动负债的比例,确保家庭农场具有较强的短期偿债能力;二是加强流动资产管理,提高流动资产周转效率;三是优化流动资产和流动负债内部结构,确保营运资本的有效运用等。

(四)分配活动

家庭农场通过生产经营和对外投资等都会获取利润,应按照规定的程序进行分配,分配具有层次性。家庭农场通过投资取得的收入首先要用以弥补生产经营耗费,缴纳流转税,其余部分为家庭农场的营业利润;营业利润与投资净收益、营业外收支净额等构成家庭农场的利润总额。利润总额首先要按照国家规定缴纳所得税,税后净利润要提取公积金和公益金,分别用于扩大积累、弥补亏损和改善职工集体福利设施,其余利润作为投资者的收益分配给投资者,或者暂时留存家庭农场,或者作为投资者的追加投资。

上述四大财务活动相互联系、相互依存,财务管理的内容按照财务活动的过程分为筹资管理活动、投资管理活动、营运资金管理活动和利润分配管理活动 4 个主要方面。

第七章　农业政策与法律法规

第一节　农业法规

农业法规是指由国家权力机关、国家行政机关以及地方机关制定和颁布的,适用于农业生产经营活动领域的法律、行政法规、地方法规以及政府规章等规范性文件的总称。

目前,我国的农业法规体系已经基本形成,可以分为以下几个方面。

一、农业基本法规

主要指《中华人民共和国农业法》(以下简称《农业法》)。

1993 年 7 月 2 日第八届全国人大常委会第二次会议通过了《农业法》,以法律的形式,把十一届三中全会以来关于农业发展的一系列行之有效的大政方针进一步规范化、法律化。这是中国农业发展史上第一部农业大法。2002 年 12 月 28 日九届全国人大常委会第 31 次会议对《农业法》重新进行修订,并于 2003 年 3 月 1 日起施行。农业法修改制定,体现了"确保基础地位,增加农民收入"的总体精神,对保障农业在国民经济中的基础地位,发展农村社会主义市场经济,维护农业生产经营组织和农业劳动者的合法权益,促进农业的持续、稳定、协调发展,实现农业现代化,起到了重要的作用。

二、农业资源和环境保护法

包括《中华人民共和国土地管理法》《中华人民共和国森林法》《中华人民共和国草原法》《中华人民共和国渔业法》《中华人民共和国水法》《中华人民共和国水土保持法》《中华人民共和国水污染防治法》《中华人民共和国野生动物保护法》《中华人民共和国防沙治沙法》等法律，以及《基本农田保护条例》《草原防火条例》《中华人民共和国水产资源繁殖保护条例》《中华人民共和国野生植物保护条例》《森林采伐更新管理办法》《野生药材资源保护管理条例》《森林防火条例》《森林病虫害防治条例》《中华人民共和国陆生野生动物保护实施条例》等行政法规。

三、促使农业科研成果和实用技术转化的法律

包括《中华人民共和国农业技术推广法》《中华人民共和国植物新品种保护条例》《中华人民共和国促进科技成果转化法》等法律及行政法规。

四、保障农业生产安全方面的法律

包括《中华人民共和国防洪法》《中华人民共和国气象法》《中华人民共和国动物防疫法》《中华人民共和国进出境动植物检疫法》等法律，以及《农业转基因生物安全管理条例》《水库大坝安全管理条例》《中华人民共和国防汛条例》《蓄滞洪区运用补偿暂行办法》等行政法规。

五、保护和合理利用种质资源方面的法律

包括《中华人民共和国种子法》《种畜禽管理条例》《农药管理条例》《兽药管理条例》《饲料和饲料添加剂管理条例》等。

六、规范农业生产经营方面的法律

包括《中华人民共和国农村土地承包法》《中华人民共和国乡镇企业法》《中华人民共和国乡村集体所有制企业条例》《中华人民共和国农民专业合作社法》等。

七、规范农产品流通和市场交易方面的法律

包括《粮食收购条例》《棉花质量监督管理条例》《粮食购销违法行为处罚办法》等行政法规。

八、保护农民合法权益的法律

为保护农民合法权益制定了《中华人民共和国村民委员会组织法》《中华人民共和国耕地占用税暂行条例》。

第二节 农业政策与农业法规的关系

农业政策和农业法规是国家稳定和管理农业经济发展的两种基本手段。

法律和政策是国家调整、管理社会的两种基本手段,两者各有所长,各有所短。农业的发展必须综合运用多种手段进行调控,中外农业的发展历史表明,适应农业生产力发展要求的政策对农业的发展具有决定性作用,而政策的有效实施,需要运用法制手段和法律形式来保证,否则难以产生应有的效果。

一、农业政策与农业法规的联系

(一)农业政策与农业法规在本质上是一致的

政策与法规有共同的价值取向,它们都服务于社会主义的经济基础,都必须由社会的物质生活条件所决定;它们都是社会主流意志和要求;在我国,它们体现的是广大人民群众的意志和

要求。它们所追求的社会目的相同,基本内容一致。

(二)政策是法规的核心内容,法规是政策的体现

农业法规是在党和国家关于农业政策的指导下制定的,体现党和国家关于农业政策的主要精神和内容。法规使政策的原则性规定具体化、条文化、定型化,为政策提供法律机制的支持,保证政策的国家意志性质。例如我国《农业法》是以《中共中央关于进一步加快农业和农村工作的决定》和党的十四大通过的有关文件为指导,充分肯定 15 年来农村改革的成功经验和基本政策的基础上制定的,在《农业法》总则和各章条款中充分体现着农业政策的内容。

(三)法规对政策的实施有积极的促进和保障作用

法律的特性决定了它具有其他规范难以比拟的制约、导向、预见、调节和保障功能。因此充分利用法律的这些功能,把经过实践检验的有益的农业政策上升为法律,使它们的实施能得到党的纪律和国家强制力的双层保障,从而得到更好的贯彻。

二、农业政策与农业法规的区别

(一)制定的组织与程序不同

农业法规只能由具有立法权的国家机关依据法定程序来制定,体现的是国家和广大人民的意志,而农业政策是由党的领导机关和国家相关机构根据民主集中制原则制定的。

(二)实施的方式不同

法律是由国家强制力来保证实施的,不遵守、不执行或执行不当就是违法,就要负法律责任,受到法律制裁。而政策主要靠党或者政府行政的纪律、模范人物的带头作用和人民群众的信赖来实现。政策约束力不如法律,政策执行与否、执行好坏,通常很难有进行判断的量化指标和追究责任的标准。

(三)表现方式不同

政策主要以党或国家的决议、决定、通知、规定、意见等党内文件等形式表现出来。法则是表现为宪法、法律、行政法规等形式。政策往往规定得比较原则,带有号召性和指导性,较少有具体、明确的权利和义务规定。法主要由规则构成,具有高度的明确性、具体性,有严格的逻辑结构。法律必须是公开的,而政策不完全是公开的。

(四)农业政策具有灵活性,农业法规具有相对稳定性

农业政策往往是为完成一定任务提出的,它要随形势的变化不断做出调整,在制定和实施中都具有较大的灵活性、较快的变动性。而法律具有较高的稳定性,法律的立、废、改必须遵循严格的法定程序,法律的变动不可能像政策那样频繁,这是法律具有较高权威性的程序性保证。

三、农业政策与农业法规的辩证统一

(一)理论上要提高认识

两者都是国家调控和管理农业的重要工具和手段,相辅相成。但是由于农业政策与农业法规的特点不同,作用不同,不能互相替代。政策与法规是在功能上互补的两种社会调整方式,既要依靠政策,也要依靠法律。依靠政策指导法律、法规的正确制定和实施,依靠法律、法规保证政策稳定和有效实施。

(二)正确处理两者的关系

政党行为的法律化是依法治国的必然要求,政党应在宪法和法律范围内进行执政,这意味着制定政策不能违背宪法和法律。因此在实践中,需要坚持:有法律规定的,应依法办事和执行;无法律规定、但有政策规定的,应依政策办事和执行;政策与法律有冲突的,应依法办事和执行。如果发现法律法规不符合当前实际情况,应当及时修改、补充、完善。一般情况下,先由中

央出台纲领性政策文件,再以该政策文件来决定原法律法规的废除或修改完善,来指导新法律法规的正确制定和实施。

第三节　农村惠农政策

一、粮食直补政策

粮食直补,全称为粮食直接补贴,是为进一步促进粮食生产、保护粮食综合生产能力、调动农民种粮积极性和增加农民收入,国家财政按一定的补贴标准和粮食实际种植面积,对农户直接给予的补贴。从 2010 年起,补贴资金原则上要求发放到从事粮食生产的农民,具体由各省级人民政府根据实际情况确定。2011 年,逐步加大对种粮农民直接补贴力度,粮食直补资金达 151 亿元,将粮食直补与粮食播种面积、产量和交售商品粮数量挂钩。取消以前种多少报多少补多少的原则。各省根据中央粮食直补精神,针对当地实际情况,制定具体实施办法。

(一)补贴原则

坚持粮食直补向产粮大县、产粮大户倾斜的原则,省级政府依据当地粮食生产的实际情况,对种粮农民给予直接补贴。

(二)补贴范围与对象

粮食主产省、自治区必须在全省范围内实行对种粮农民(包括主产粮食的国有农场的种粮职工)直接补贴;其他省、自治区、直辖市也要比照粮食主产省、自治区的做法,对粮食主产县(市)的种粮农民(包括主产粮食的国有农场的种粮职工)实行直接补贴,具体实施范围由省级人民政府根据当地实际情况自行决定。

(三)补贴方式

对种粮农户的补贴方式,粮食主产省、自治区(指河北、内蒙古、辽宁、吉林、黑龙江、江苏、安徽、江西、山东、河南、湖北、湖南、四川,下同)原则上按种粮农户的实际种植面积补贴;如采取其他补贴方式,也要剔除不种粮因素,尽可能做到与种植面积接近。其他省、自治区、直辖市要结合当地实际,选择切实可行的补贴方式。具体补贴方式由省级人民政府根据当地实际情况确定。

（四）兑付方式

粮食直补资金的兑付方式,尽快实行"一卡通"或"一折通"的方式,向农户发放储蓄卡或储蓄存折。当年的粮食直补资金尽可能在播种后 3 个月内一次性全部兑付到农户,最迟要在 9 月底之前基本兑付完毕。

（五）监管措施

(1)粮食直补资金实行专户管理。直补资金通过省、市、县(市)级财政部门在同级农业发展银行开设的粮食风险基金专户进行管理。各级财政部门要在粮食风险基金专户下单设粮食直补资金专账,对直补资金进行单独核算。县以下没有农业发展银行的,有关部门要在农村信用社等金融机构开设粮食直补资金专户。要确保粮食直补资金专户管理、封闭运行。

(2)粮食直补资金的兑付,要做到公开、公平、公正。每个农户的补贴面积、补贴标准、补贴金额都要张榜公布,接受群众的监督。

(3)粮食直补的有关资料,要分类归档,严格管理。

(4)坚持粮食省长负责制,积极稳妥地推进粮食直补工作。

二、农资综合补贴政策

农资综合补贴是指政府对农民购买农业生产资料(包括化肥、柴油、种子、农机)实行的一种直接补贴制度。在综合考虑了影响农民种粮成本、收益等变化因素后,通过农资综合补贴及各种补贴,来保证农民种粮收益的相对稳定,促进国家粮食安全。

建立和完善农资综合补贴动态调整制度,应根据化肥、柴油等农资价格变动,遵循"价补统筹、动态调整、只增不减"的原则,及时安排农资综合补贴资金,合理弥补种粮农民增加的农业生产资料成本。农资综合补贴动态调整机制从2009年开始实施。根据农资综合补贴动态调整机制要求,经国务院同意,从2009年起,中央财政为应对农资价格上涨而预留的新增农资综合补贴资金,不直接兑付到种粮农户,集中用于粮食基础能力建设,以加快改善农业生产条件,促进粮食生产稳步发展和农民持续增收。2011年,中央财政共安排农资综合补贴860亿元,新增部分重点支持种粮大户。2011年1月,中央财政已将98%的资金预拨到地方,力争在春耕前通过"一卡通"或"一折通"直接兑付到农民手中。

(一)补贴原则

应根据化肥、柴油等农资价格变动,遵循"价补统筹、动态调整、只增不减"的原则,及时安排农资综合补贴资金,合理弥补种粮农民增加的农业生产资料成本。

(二)补贴重点

新增部分重点支持种粮大户。

(三)新增补贴资金的分配和使用

(1)中央财政对各省(自治区、直辖市)按因素法测算分配新增补贴资金。分配因素以各省(自治区、直辖市)粮食播种面积、产量、商品等粮食生产方面的因素为主,体现对粮食主产区的支持,同时考虑财力状况,给中西部地区适当照顾。

(2)中央财政分配到省(自治区、直辖市)的新增补贴资金由各省级人民政府包干使用。省级人民政府要根据中央补助额度,统筹本省财力,科学规划。坚决防止出现项目过多、规划过大、资金不足而影响实施效果等问题。

(3)省级人民政府要统筹集中使用补助资金,支持事项的选择权和资金分配权不得层层下放,以防止扩大使用范围、资金安排"撒胡椒面"等问题的发生,确保资金使用安全、高效。

(四)兑付方式

农资综合补贴资金的兑付,尽快实行"一卡通"或"一折通"的方式,向农户发放储蓄卡或储蓄存折。

(五)监管措施

(1)农资综合补贴资金类似粮食直补资金,实行专户管理。补贴资金通过省、市、县(市)级财政部门在同级农业发展银行开设的粮食风险基金专户进行管理。各级财政部门要在粮食风险基金专户下单设农资综合补贴资金专账,对补贴资金进行单独核算。县以下没有农业发展银行的,有关部门要在农村信用社等金融机构开设农资综合补贴资金专户。要确保农资综合补贴资金专户管理、封闭运行。

(2)农资综合补贴资金的兑付,要做到公开、公平、公正。每个农户的补贴面积、补贴标准、补贴金额都要张榜公布,接受群众的监督。

(3)农资综合补贴的有关资料,要分类归档,严格管理。

(4)坚持农资综合补贴省长负责制,积极稳妥地推进工作。

三、农作物良种补贴政策

所谓农作物良种补贴,就是指对一地区优势区域内种植主要优质粮食作物的农户,根据品种给予一定的资金补贴,目的是支持农民积极使用优良作物种子,提高良种覆盖率,增加主要农产品特别是粮食的产量,改善产品品质,推进农业区域化布局。

2011 年,良种补贴规模进一步扩大,部分品种补贴标准进一步提高;中央财政安排良种补贴 220 亿元,比上年增加 16

亿元。

（一）补贴范围

水稻、小麦、玉米、棉花良种补贴在全国31个省（自治区、直辖市）实行全覆盖。

大豆良种补贴在辽宁、黑龙江、吉林、内蒙古自治区等4省（自治区）实行全覆盖。

油菜良种补贴在江苏、浙江、安徽、江西、湖北、湖南、重庆、贵州、四川、云南及河南信阳、陕西汉中和安康地区实行冬油菜全覆盖。

青稞良种补贴在四川、云南、西藏自治区、甘肃、青海等省（自治区）的藏区实行全覆盖。

（二）补贴对象

在生产中使用农作物良种的农民（含农场职工）给予补贴。

（三）补贴标准

小麦、玉米、大豆、油菜和青稞每亩补贴10元，其中，新疆地区的小麦良种补贴提高到每亩15元。早稻补贴标准提高到每亩15元，与中晚稻和棉花持平。

（四）补贴方式

水稻、玉米、油菜采取现金直接补贴方式，小麦、大豆、棉花可采取统一招标、差价购种补贴方式，也可现金直接补贴，具体由各省根据实际情况确定；继续实行马铃薯原种生产补贴，在藏区实施青稞良种补贴，在部分花生产区继续实施花生良种补贴。

四、推进农作物病虫害专业化统防统治政策

大力推进农作物病虫害专业化统防统治，既能解决农民一家一户防病治虫难的问题，又能显著提高病虫防治效果、效率和效益，是保障农业生产安全、农产品质量安全、农业生态环境安全的有效措施。根据国务院2011年2月9日常务会议精神，今

年中央财政将安排 5 亿元专项资金,对承担实施病虫统防统治工作的 2 000 个专业化防治组织进行补贴。

(一)补贴对象

承担实施病虫统防统治工作的 2 000 个专业化防治组织。

(二)补贴标准

平均每个防治组织补助标准为 25 万元。接受补助的防治组织应具备 3 个基本条件:一是在工商或民政部门注册并在县级农业行政部门备案;二是具备日作业能力在 1 000 亩以上的技术人员和设备等条件;三是承包防治面积达到一定规模,具体为南方中晚稻 1 万亩以上,小麦、早稻或北方一季稻面积 2 万亩以上,玉米 3 万亩以上。

(三)补贴资金用途

补贴资金主要用于购置防治药剂、田间作业防护用品、机械维护用品和病虫害调查工具等方面,提升防治组织的科学防控水平和综合服务能力。

(四)实施范围

全国 29 个省(自治区、直辖市)小麦、水稻、玉米三大粮食作物主产区 800 个县(场)和迁飞性、流行性重大病虫源头区 200 个县的专业化统防统治。

(五)补贴程序

需要补助的防治服务组织,需先向县级农业行政主管部门提出书面申请,经确认资格并核实能承担的防治任务后可享受补贴。

五、增加产粮大县奖励政策

为改善和增强产粮大县财力状况,调动地方政府重农抓粮的积极性,2005 年中央财政出台了产粮大县奖励政策。政策实施以来,中央财政一方面逐年加大奖励力度,一方面不断完善奖励机制。2009 年产粮大县奖励资金规模达到 175 亿元,奖励县数达到 1 000 多个。2010 年中央财政继续加大产粮大县奖励力度,进一步完善奖励办法,稳步提高粮食主产区财力水平,调动其发展粮食生产的积极性。2010 年产粮大县奖励资金规模约 210 亿元,奖励县数达到 1 000 多个。2011 年中央财政安排 225 亿元奖励产粮大县,比上年增加 15.4 亿元,增幅 7%。

(一)奖励依据

中央财政依据粮食商品量、产量、播种面积各占 50%、25%、25% 的权重,测算奖励资金。

(二)奖励对象

对粮食产量或商品量分别位于全国前 100 位的超级大县,中央财政予以重点奖励;超级产粮大县实行粮食生产"谁滑坡、谁退出,谁增产、谁进入"的动态调整制度。

自 2008 年起,在产粮大县奖励政策框架内,增加了产油大县奖励,每年安排资金 25 亿元,由省级人民政府按照"突出重点品种、奖励重点县(市)"的原则确定奖励条件,全国共有 900 多个县受益。

(三)奖励机制

为更好地发挥奖励资金促进粮食生产和流通的作用,中央财政建立了"存量与增量结合、激励与约束并重"的奖励机制,要求 2008 年以后新增资金全部用于促进粮油安全方面开支,以前存量部分可继续作为财力性转移支付,由县财政统筹使用,但在地方财力困难有较大缓解后,也要逐步调整用于支持粮食安全方面的开支。

(四)兑付办法

结合地区财力因素,将奖励资金直接"测算到县、拨付到县"。

（五）重点规定

奖励资金不得违规购买、更新小汽车，不得新建办公楼、培训中心，不得搞劳民伤财、不切实际的"形象工程"。

六、支持优势农产品生产和特色农业发展政策

加快推进优势农产品区域布局，大力发展特色农业，是发展现代农业的客观要求，是保障农产品有效供给的重要举措，是增强农产品竞争力、促进农民持续增收的有效手段。围绕贯彻落实连续中央一号文件精神，农业部加快实施优势农产品区域布局规划，深入推进粮棉油糖高产创建，支持特色农业发展。

（一）加快实施优势农产品区域布局规划

按照新一轮《优势农产品区域布局规划》的要求，突出粮食优势区建设，重点抓好优质棉花、糖料、优质苹果等基地建设，积极扶持奶牛、肉牛、肉羊、猪等优势畜产品良种繁育，支持优势水产品出口创汇基地的良种、病害防控等基础设施建设，建成一批优势农产品产业带，培育一批在国内外市场有较强竞争力的农产品，建立一批规模较大、市场相对稳定的优势农产品出口基地，培育一批国内外公认的农产品知名品牌。

（二）加快开展粮棉油糖高产创建

高产创建是农业部从 2008 年起实施的一项稳定发展粮棉油糖生产的重要举措，其关键是集成技术、集约项目、集中力量，促进良种良法配套，挖掘单产潜力，带动大面积平衡增产。这项工作启动以来涌现出一批万亩高产典型，为实现粮食连年增产和农业持续稳定发展发挥了重要作用，实现了由专家产量向农民产量的转变、由单项技术向集成技术的转变、由单纯技术推广向生产方式变革的转变。2009 年，全国 2 050 个粮食高产创建示范片平均亩产 653.6 千克，相同地块比上年增产 70.1 千克，增产效果十分显著。2010 年农业部会同财政部研究制定了

《2010年粮棉油糖高产创建实施指导意见》,粮食高产创建示范片大幅度增加,2010年,中央财政安排专项资金10亿元,在全国建设高产创建万亩示范片5 000个,总面积超过5 600万亩,其中粮食作物4 380个、油料作物370个、新增糖料万亩示范片50个,共惠及7 048个乡镇(次)、37 688个村(次)、1 260.77万农户(次)。目标是按照统一整地播种、统一肥水管理、统一技术培训、统一病虫防治、统一机械收获的"五统一"的技术路线,积极探索万亩示范片规模化生产经营模式和专业化服务组织形式,创新农技推广服务新机制,加快农业规模化、标准化生产步伐。按照《国务院办公厅关于开展2011年粮食稳定增产行动的意见》,2011年进一步加大投入,创新机制,在更大规模、更广范围、更高层次上深入推进。

2011,中央财政将在2010年基础上增加5亿元高产创建补助资金。

(1)高产创建范围。粮食高产创建,将选择基础条件好、增产潜力大的50个县(市)、500个乡(镇),开展整乡整县整建制,推进粮食高产创建试点。

(2)高产创建推进。要以行政村、乡或县的行政区域为实施范围,以行政部门的协作推进为动力,把万亩示范片的技术模式、组织方式、工作机制,由片到面、由村到乡、由乡到县,覆盖更大范围,实现更高产量。各地要因地制宜,可先实行整村推进,逐步整乡推进,有条件的地方积极探索整县推进。尤其是《全国新增1 000亿斤粮食生产能力规划(2009—2020年)》中的800个产粮大县(场)也要整合资源,积极推进整乡整县高产创建。

(3)高产创建方式。深入推进高产创建需要科研与推广结合,推动高产优质品种的选育应用、推动高产技术的普及推广、推动科研成果的转化应用。规模化经营和专业化服务结合,引导耕地向种粮大户集中,推进集约化经营。大力发展专业合作社,大力开展专业化服务,探索社会化服务的新模式。

(三)培育壮大特色产业

组织实施《特色农产品区域布局规划》,发挥地方优势资源,引导特色产业健康发展。推进一村一品,强村富民工程和专业示范村镇建设。农业部已建立了发展一村一品联席会议制度,中央财政设立了支持一村一品发展的财政专项资金,重点抓一批一村一品示范村,并认定一批发展一村一品的专业村和专业乡镇,示范带动一村一品发展。

第四节　农业保险政策

政策性农业保险是由政府主导、组织和推动,由财政给予保费补贴或政策扶持,按商业保险规则运作,以支农、惠农和保障"三农"为目的的一种农业保险。政策性农业保险的标的划分为:种植面积广、关系国计民生、对农业和农村经济社会发展有重要意义的农作物,包括水稻、小麦、油菜。为促进生猪产业稳定发展,对有繁殖能力的母猪也建立了重大病害、自然灾害、意外事故等商业保险,财政给予一定比例的保费补贴。

一、农作物保险

发生较为频繁和易造成较大损失的灾害风险,如水灾、风灾、雹灾、旱灾、冻灾、雨灾等自然灾害以及流行性、暴发型病虫害和动植物疫情等。对于水稻、小麦、油菜等主要参保品种,各级财政保费补贴60%,农户缴纳40%。

二、能繁育母猪保险

政府为了解决饲养户的后顾之忧,提高饲养户的养猪积极性,平抑目前市场的猪肉价格,进一步降低养殖能繁母猪的风险,政府对能繁母猪实行政策性保险制度,出台了"母猪保险"。

能繁母猪保险责任为重大病害、自然灾害和意外事故所引致的能繁母猪直接死亡。因人为管理不善、故意和过失行为以及违反防疫规定或发病后不及时治疗所造成的能繁母猪死亡,不享受保额赔付。能繁母猪保险保费由财政补贴80%,饲养者承担20%,即每头能繁母猪保额(赔偿金额)1 000元,保费60元,其中各级财政补贴48元,饲养者承担12元。

三、农业创业者参加政策性农业保险的好处

一是可以享受国家财政的保险费补贴;二是发生保险责任内的自然灾害或意外事故,能够迅速得到补偿,可以尽快恢复再生产;三是可以优先享受到小额信贷支持;四是能够从政府有关方面得到防灾防损指导和丰产丰收信息。

第五节　农业金融扶持政策

为加快发展高效外向农业,提高农业产业化水平,促进农业增效、农民增收,鼓励和吸引多元化资本投资开发农业,鼓励投资者兴办农业龙头企业,鼓励科研、教学、推广单位到项目县基地实施重大技术推广项目,国家或有关部门对这些项目下拨专门指定用途或特殊用途的专项资金予以补助。这些专项资金都会要求进行单独核算,专款专用,不能挪作他用。补助的专项资金视项目承担的主体情况,分别采取直接补贴、定额补助、贷款贴息以及奖励等多种扶持方式。

一、专项资金补助类型

高效设施农业专项资金,重点补助新建、扩建高效农产品规模基地设施建设。

农业产业化龙头企业发展专项资金,重点补助农业产业化龙头企业及产业化扶贫龙头企业,对于扩大基地规模、实施技术

改造、提高加工能力和水平给予适当奖励。

外向型农业专项资金,重点补助新建、扩建出口农产品基地建设及出口农产品品牌培育。

农业三项工程资金包括农产品流通、农产品品牌和农业产业化工程的扶持资金,重点是基因库建设。

农产品质量建设资金,重点补助新认定的无公害农产品产地、全程质量控制项目及无公害农产品、绿色、有机食品获证奖励。

农民专业合作组织发展资金,重点补助"四有"农民专业合作经济组织,即依据有关规定注册,具有符合"民办、民管、民享"原则的农民合作组织章程;有比较规范的财务管理制度,符合民主管理决策等规范要求;有比较健全的服务网络,能有效地为合作组织成员提供农业专业服务;合作组织成员原则上不少于 100 户,同时具有一定产业基础。鼓励他们扩大生产规模、提高农产品初加工能力等。

海洋渔业开发资金,重点补助特色高效海洋渔业开发。

丘陵山区农业开发资金,重点补助丘陵地区农业结构调整和基础设施建设。

二、补助对象、政策及标准

按照"谁投资、谁建设、谁服务,财政资金就补助谁"的原则,江苏省省级高效外向农业项目资金的补助对象主要为:种养业大户、农业产业化重点龙头企业、农产品加工流通企业、农产品出口企业、农民专业合作经济组织和农产品行业协会等市场主体,以及农业科研、教学和推广单位。为了推动养猪业的规模化产业化发展,中央财政对于养殖大户实施投资专项补助政策。主要包括:

年出栏 300～499 头的养殖场,每个场中央补助投资 10万元。

年出栏 500 ~ 999 头的养殖场,每个场中央补助投资 25 万元。

年出栏 1 000 ~ 1 999 头的养殖场,每个场中央补助投资 50 万元。

年出栏 2 000 ~ 2 999 头的养殖场,每个场中央补助投资 70 万元。

年出栏 3 000 头以上的养殖场,每个场中央补助投资 80 万元。

为加快转变畜禽养殖方式,还对规模养殖实行"以奖代补",落实规模养殖用地政策,继续实行对畜禽养殖业的各项补贴政策。

三、财政贴息政策

财政贴息是政府提供的一种较为隐蔽的补贴形式,即政府代企业支付部分或全部贷款利息,其实质是向企业成本价格提供补贴。财政贴息是政府为支持特定领域或区域发展,根据国家宏观经济形势和政策目标,对承贷企业的银行贷款利息给予的补贴。政府将加快农村信用担保体系建设,以财政贴息政策等相关方式,解决种养业"贷款难"问题。为鼓励项目建设,政府在财政资金安排方面给予倾斜和大力扶持。农业财政贴息主要有两种方式:一是财政将贴息资金直接拨付给受益农业企业;二是财政将贴息资金拨付给贷款银行,由贷款银行以政策性优惠利率向农业企业提供贷款。为实施农业产业化提升行动,对于成长性好、带动力强的龙头企业给予财政贴息,支持龙头企业跨区域经营,促进优势产业集群发展。中央和地方财政增加农业产业化专项资金,支持龙头企业开展技术研发、节能减排和基地建设等。同时探索采取建立担保基金、担保公司等方式,解决龙头企业融资难的问题。此外,为配合各种补贴政策的实施,各个省和市同时出台了较多的惠农政策。

四、小额贷款政策

为促进农业发展,帮助农民致富,金融部门把扶持"高产、优质、高效"农业、帮助农民增收项目作为重点,加大小额贷款支农力度。明确要求基层信用社必须把65%的新增贷款用于支持农业生产,支持面不低于农村总户数的25%,还对涉及小额信贷的致富项目,在原有贷款利率的基础上,下浮30%的贷款利率。

五、土地流转资金扶持政策

为加快构建强化农业基础的长效机制,引导农业生产要素资源合理配置,推动国民收入分配切实向"三农"倾斜,鼓励和引导农村土地承包经营权集中连片流转,促进土地适度规模经营,增加农民收入,中央财政设立安排专项资金扶持农村土地流转,用于扶持具有一定规模的、合法有序的农村土地流转,以探索土地流转的有效机制,积极发展农业适度规模经营。例如,江苏省2008年安排专项资金2 000万元,对具有稳定的土地流转关系,流转期限在3年以上,单宗土地流转面积在66.67公顷以上(土地股份合作社入股面积20公顷以上)的新增土地流转项目,江苏省财政按每公顷1 500元的标准对土地流出方(农户)给予一次性奖励。

第六节　农业税收优惠政策

对于独立的农村生产经营组织,可以享受国家现有的支持农业发展的税收优惠政策。《中华人民共和国农民专业合作社法》第五十二条规定,农民专业合作社享受国家规定的对农业生产、加工、流通、服务和其他涉农经济活动相应的税收优惠。支持农民专业合作社发展的其他税收优惠政策,由国务院规定。

　　国家取消了农业税、牧业税和特产税,每年减轻农民负担1 335亿元。同时,建立农业补贴制度,对农民实行粮食直补、良种补贴、农机具购置补贴和农业生产资料综合补贴,对产粮大县和财政困难县乡实行奖励补助。这些措施,极大地调动了农民积极性,有力地推动了社会主义新农村建设,农村发生了历史性变化,亿万农民由衷地感到高兴。农业的发展,为整个经济社会的稳定和发展发挥了重要作用。

主要参考文献

侯鹏程. 2015. 现代农业创业与企业经营[M]. 北京:中国农业出版社.

焦宗芳. 2015. 走进现代农业[M]. 长春:吉林大学出版社.

马俊哲. 2014. 现代农业生产经营管理培育读本[M]. 北京:中国农业大学出版社.

宋志伟,肖羌雄,孔庆华. 2015. 现代农业生产经营[M]. 北京:中国农业出版社.

吴沛良. 2015. 现代农业建设迈上新台阶[M]. 南京:江苏人民出版社.

谢志远,陈家斋. 2015. 现代农业与农民创业指导[M]. 杭州:浙江科学技术出版社.

杨英茹,车艳芳. 2014. 现代农业生产技术[M]. 石家庄:河北科学技术出版社.